空间结构系列图书

建筑创作与结构形态

ARCHITECTURAL CREATION AND STRUCTURAL MORPHOLOGY

姚亚雄 著

中国建筑工业出版社

图书在版编目（CIP）数据

建筑创作与结构形态＝ARCHITECTURAL CREATION
AND STRUCTURAL MORPHOLOGY/姚亚雄著. —北京：中
国建筑工业出版社，2022.11
（空间结构系列图书）
ISBN 978-7-112-28191-6

Ⅰ.①建…　Ⅱ.①姚…　Ⅲ.①建筑设计-研究②建筑
结构-研究　Ⅳ.①TU

中国版本图书馆 CIP 数据核字(2022)第 221762 号

　　本书通过对建筑与结构在历史与现实、理论与实践上的关系进行论述，重点
阐明了结构形态在实现建筑与结构和谐统一中的作用，结合空间结构工程实例，
提出了建筑创作中的结构表现手法，旨在提高建筑设计的理论及实践水平，促进
建筑与结构的共同进步。

　　认清建筑与结构的形态本质，明确建筑与结构关系的历史渊源，本着建筑与
结构统一的目的，发展实用的结构形态设计方法，并在实践中促进建筑与结构的
专业合作，通过对结构形态的创新和运用，就能够把握建筑与结构相结合的未来
走向，创作出感性与理性、技术与美学、自然与社会和谐统一的，并富有时代气
息的新建筑。

　　本书可供结构专业和建筑专业的工程设计人员、科研人员和高等院校师生学
习参考。

责任编辑：刘瑞霞　梁瀛元
责任校对：赵　菲

空间结构系列图书
建筑创作与结构形态
ARCHITECTURAL CREATION AND STRUCTURAL MORPHOLOGY
姚亚雄　著

*

中国建筑工业出版社出版、发行（北京海淀三里河路 9 号）
各地新华书店、建筑书店经销
北京科地亚盟排版公司制版
廊坊市海涛印刷有限公司印刷

*

开本：787 毫米×1092 毫米　1/16　印张：13¾　字数：343 千字
2023 年 4 月第一版　　2023 年 4 月第一次印刷
定价：58.00 元
ISBN 978-7-112-28191-6
（40193）

空间结构系列图书

编审委员会

空间结构系列图书

序　言

　　中国钢结构协会空间结构分会自1993年成立至今已有二十多年，发展规模不断壮大，从最初成立时的33家会员单位，发展到遍布全国各个省市的500余家会员单位。不仅拥有从事空间网格结构、索结构、膜结构和幕墙的大中型制作与安装企业，而且拥有与空间结构配套的板材、膜材、索具、配件和支座等相关生产企业，同时还拥有从事空间结构设计与研究的设计院、科研单位和高等院校等，集聚了众多空间结构领域的专家、学者以及企业高级管理人员和技术人员，使分会成为本行业的权威性社会团体，是国内外具有重要影响力的空间结构行业组织。

　　多年来，空间结构分会本着积极引领行业发展、推动空间结构技术进步和努力服务会员单位的宗旨，卓有成效地开展了多项工作，主要有：（1）通过每年开展的技术交流会、专题研讨会、工程现场观摩交流会等，对空间结构的分析理论、设计方法、制作与施工建造技术等进行研讨，分享新成果，推广新技术，加强安全生产，提高工程质量，推动技术进步。（2）通过标准、指南的编制，形成指导性文件，保障行业健康发展。结合我国膜结构行业发展状况，组织编制的《膜结构技术规程》为推动我国膜结构行业的发展发挥了重要作用。在此基础上，分会陆续开展了《膜结构工程施工质量验收规程》《建筑索结构节点设计技术指南》《充气膜结构设计与施工技术指南》《充气膜结构技术规程》等编制工作。（3）通过专题技术培训，提升空间结构行业管理人员和技术人员的整体技术水平。相继开展了膜结构项目经理培训、膜结构工程管理高级研修班等活动。（4）搭建产学研合作平台，开展空间结构新产品、新技术的开发、研究、推广和应用工作，积极开展技术咨询，为会员单位提供服务并帮助解决实际问题。（5）发挥分会平台作用，加强会员单位的组织管理和规范化建设。通过会员等级评审、资质评定等工作，加强行业管理。（6）通过举办或组织参与各类国际空间结构学术交流，助力会员单位"走出去"，扩大空间结构分会的国际影响。

　　空间结构体系多样、形式复杂、技术创新性高，设计、制作与施工等技术难度大。近年来，随着我国经济的快速发展以及奥运会、世博会、大运会、全运会等各类大型活动的举办，对体育场馆、交通枢纽、会展中心、文化场所的建设需求极大地推动了我国空间结构的研究与工程实践，并取得了丰硕的成果。鉴于此，中国钢结构协会空间结构分会常务理事会研究决定出版"空间结构系列图书"，展现我国在空间结构领域的研究、设计、制作与施工建造等方面的最新成果。本系列图书拟包括空间结构相关的专著、技术指南、技术手册、规程解读、优秀工程设计与施工实例以及软件应用等方面的成果。希望通过该系列图书的出版，为从事空间结构行业的人员提供借鉴和参考，并为推广空间结构技术、推动空间结构行业发展做出贡献。

中国钢结构协会空间结构分会　理事长

空间结构系列图书编审委员会　主任

薛素铎

2018 年 12 月 30 日

今年 6 月底收到姚亚雄博士邀请，他请我为即将出版的《建筑创作与结构形态》一书写序，甚是欣喜。

姚亚雄博士的这本专业著作主要内容源自他二十多年前的博士学位论文。我当年作为他的论文评阅人，曾经拜读过，但是今天再次读起来，仍令人耳目一新。他对空间结构问题的认识具有前瞻性，当时提出的很多真知灼见在今天看来仍然是空间结构需要继续努力的方向。本书单独用一章来介绍他完成的大空间体育建筑工程实例，这些是他为实现结构与建筑相结合的实践成果，也展示了他把梦想变为现实的实践过程，见证了一名优秀建筑师兼结构工程师的成长历程。这本书将成为广大的结构工程师认识空间结构、了解结构形态、追求更美的结构和更美的建筑的参考书。

我和姚亚雄博士的相识缘于他的导师梅季魁教授。我和梅老师认识很早。梅老师是我国著名的体育建筑设计专家，长期从事大空间公共建筑的教学、研究和设计。他作为一位建筑专业的专家，对空间结构也非常重视。在 20 世纪 80 年代初，曾受邀参加空间结构组织的早期学术交流活动。他在 80 年代设计了吉林滑冰馆，又为北京亚运会设计了北京石景山体育馆和朝阳体育馆。这些建筑作品成为那个时代中国体育建筑的经典，也为梅老师在体育建筑领域树立了地位和影响力。

记得是在 1997 年上半年，我收到了梅老师的来信，梅老师向我介绍了正在攻读建筑专业博士研究生的姚亚雄，说他是同济大学的在职教师，有很好的结构专业基础，也有志于从事建筑专业工作，这对于将来从事大空间体育建筑的设计非常有利。他的博士论文研究课题将专注于建筑与结构的结合，希望我今后能在空间结构方面多多指教。随后，姚亚雄参加了下半年在开封召开的第八届空间结构学术交流会。会上，他以体育建筑为题，作了大会专题报告。他的报告，观点鲜明、图文并茂、语言流畅、信息量大，既阐述了他对空间结构在建筑设计中的重要作用的认识，也介绍了他掌握的国外最新的大空间建筑设计成果，深得与会专家的好评，并获得了那一届学术会议的优秀论文奖。我在会后和他探讨了国外的空间结构研究现状，特别是其中的结构形态研究非常活跃，其中很多参与研究的学者是建筑师。我建议他加入国际空间结构协会 IASS，参加学术活动，亚雄博士欣然同意，并在 1997 年底成为了 IASS 会员，直至现在。他同时也加入了当时成立不久的专门研究结构形态的 WG15－Structural Morphology 工作组，成为 SMG 成员。从那以后，他积极参加 IASS 的国际学术活动，经常能听到他的学术发言、看到他发表的论文。

在我国的空间结构学术活动中，亚雄博士也一直是活跃分子。在我看来，邀请一位建筑专业人士、特别是有志于建筑与结构相结合的建筑师参加到空间结构的学术活动中来，这对我们的空间结构学术发展肯定有很好的促进作用。在他博士论文答辩前，他的导师梅教授邀请我作为论文评阅人。从论文内容能够看出，他的研究工作富有成果，体现了他所追求的结构与建筑相结合的理想目标。亚雄博士毕业后，成为了上海现代设计集团的一名建筑师，跟随体育建筑专家魏敦山总建筑师从事体育建筑设计，成绩斐然。在从事建筑专业工作的同时，他也积极参加我们空间结构专业的学术活动，发表了很多关于结构形态研究和结构与建筑相结合的学术论文。那时的空间结构学术大会，除了设立空间结构优秀论文奖、优秀工程奖，还有优秀摄影奖。亚雄博士作为建筑师具备独特的艺术眼光，担任优秀摄影奖的评委是当之无愧的。除了两年左右一次的空间结构学术交流大会外，每年小范围组织的空间结构专家学术研讨会，我们也邀请他参加和参与学术讨论。后来，在新一届空间结构委员会改选时，我和时任空间结构委员会副主任委员的尹德钰老师商量后，提议吸收姚亚雄博士成为空间结构委员会委员，很快得到了委员们的支持。亚雄博士作为本职并非结构专业的建筑师，能够水到渠成地成为我们这个空间结构大家庭里的年轻一员，既有他个人多年来的不懈努力，也是与各位委员对他的信任和认可分不开的。亚雄博士还积极协助空间结构学术组织的工作，参与空间结构工程项目考察、参加空间结构相关规程编制的论证会、为《空间结构简讯》撰写通讯。《空间结构简讯》是展示我国空间结构成就的一个重要窗口，自空间结构委员会成立以来，已经发行了数十年，拥有大量的读者。在2009年和今年的两次改版中，亚雄博士都出色地完成了简讯刊头的更新设计任务。

姚亚雄博士在体育建筑设计方面勇于进取、成果丰硕。最为可贵的是，他多年来坚守了最初攻读博士学位时的理想信念，始终坚持建筑与结构相结合，并开辟了以结构形态为工具的新的建筑创作方法。他的建筑作品独树一帜、结构类型运用娴熟，涵盖了空间网格结构、索结构、膜结构和开合屋盖等类型。既丰富了建筑专业设计，也促进了空间结构的研究和进步。这体现在他历届空间结构学术会议上发表的论文和所作的学术报告中。近年来完成的丽水市体育馆获得了我国空间结构设计的最高荣誉——设计金奖。我和很多空间结构的专家曾去浙江丽水参观过该体育馆。轮辐式索膜结构屋面和单层球面网格结构侧壁结合，形成自平衡结构体系。内部空间开阔明亮，构思新颖独特，展示了空间结构的独特魅力。

对空间结构的热衷是我和姚亚雄博士的共同爱好。无论是参加国内还是国际学术会议，除了会议组织的工程项目参观外，我们经常相约在会议期间或者会后挤出时间参观当地有特色的建筑工程。2008年在墨西哥阿卡普尔科召开的IASS学术会议，参加会议的我国大陆的专家只有我们两个人，身在异乡，当时感到格外亲切。会议间隙，我二人步行参观了这座海滨城市，亚雄博士还以建筑师的眼光介绍了他对当地建筑的认识。从此以后，类似的几次IASS会后参观还有2012年韩国首尔、2013年波兰弗罗茨瓦夫、2014年巴西巴西利亚、2018年美国波士顿。特别是2014年IASS会议恰逢巴西举办世界杯赛，我们二人在IASS大会结束后花了一个多星期时间，前往多个城市参观了半数以上的承办世界杯足球赛的赛场。亚雄博士作为体育建筑专家，成为我的专业导游，收获颇丰。

今年欣逢我国空间结构委员会成立40周年。回首往事，感慨万千。正是由于不断有年轻有为、富于探索精神的学者加入，我们的空间结构事业才能如此兴旺发达。

预祝空间结构领域再创辉煌，开启新征程！

2022年11月1日

前　　言

　　建筑创作手法多种多样。但无论哪种，建筑师所追求的目标，不外乎以美好独特的形态、宜人和谐的空间和实用合理的功能来塑造建筑。本书以空间结构为出发点，以结构形态的构成作为建筑创作的手段，进而实现建筑与结构的和谐统一。结构与建筑有机结合，也正是本书作者二十多年来学习、研究，并通过工程设计实践不断追求的目标。无论阅读本书的是建筑师还是结构工程师，我都希望大家能在书中求得建筑与结构的最大公约数。

　　在建筑设计的全过程中，特别是决定建筑形态的方案构思和创作阶段，设计的主动权始终掌握在建筑师手里。建筑师具备了什么样的知识体系、掌握了什么样的技术手段，将决定着建筑形态成果的最终走向。主创建筑师设计风格是趋于理性还是展现浪漫，是循规蹈矩、完成本职工作还是富于创新、勇于挑战，这都会影响到建筑方案的效果。与建筑师相配合的结构、机电、施工等各个环节的工程师的工作好坏，也会显著影响建筑效果的完成度和最终成品的优劣。

　　对于结构工程师来说，是被动地配合建筑专业提供结构实施方案，保证建筑能安全、可靠、合规地搭建起来，还是主动地参与项目的前期创作，以建筑师能够接受的方式介入建筑方案的创作过程，进而开阔主创建筑师的设计思路、提供恰到好处的技术支持，不同的结构工程师会有不同的选择。但无论如何，结构专业为建筑设计提供合理、先进和可实施的技术保障，同时也能实现结构自身的创新，这既是一种双赢的合作，也是一种积极的责任。

　　本书就是要把结构形态的构思作为建筑创作的一个有力工具，通过合理新颖的结构形态构思，引导出优美和谐的建筑形态。建筑师掌握了这个方法，就可以独辟蹊径、形成独特的创作手法，在方案构思中焕发出新的创作灵感。结构专业的工程师和研究人员也能够通过阅读本书，从中领悟到结构创新的新方向、新思路。无论是为了空间结构专业本身的发展，还是为了能够给建筑专业提供更好的支持，都大有裨益。

　　我们应该清醒地看到，结构专业在建筑工程中的地位即使再重要，以结构形态作为建筑创作的手段不会、也不可能成为建筑设计的主流。从建筑行业的发展和专业分工的历史来看，建筑设计和建筑师有着独特的内在逻辑、历史沿革、知识体系和人才培养模式。在所有发达国家中，无论学生在校培养模式如何，一旦走入社会、参与工程实践，建筑师与结构工程师都有着明确的分工，执业要求和从业方向也有着明显区别，二者有各自的专业定位。但是，这并不妨碍建筑师以更加合理和富有表现力的结构形式创作建筑。同样，也会有结构工程师能够兼顾美好的建筑形态而进行结构理论和工程实践的创新。从这个意义来看，结构形态的创作方法能够成为建筑构思的必要补充，本书的主要目的也就达到了。

　　本书阐述的结构与建筑有机结合的设计思想与我个人的事业转型和专业经历分不开，也是我二十多年来不断追求的目标。我本科读的是工民建专业，硕士研究生读的是结构工程专业，均毕业于同济大学。留校从事教学和科研多年后，为了实现建筑师的梦想，在同济大学时任建筑系主任卢济威教授的推荐下，我 1996 年考上了哈尔滨工业大学建筑系建筑设计及其理论方向的博士研究生，在我国著名的体育建筑专家梅季魁教授指导下从事大空间公共建筑的设计研究。之所以做出这样的选择，就是坚信大跨建筑能够更好地发挥我原本的结构专业知识。在四年多的时间里，我读书的同时，还作为同济大学结构专业的在职教师、研究生导师，忙于科研、教学、创收和管理等工作，充实而紧张。好在当时两个学校的学术气氛比较浓厚，建筑和结构两个专业都与本人从事的工作密切相关，可以做到读书和工作兼顾。那时的互联网既不普及，又缺乏信息内容。我对国内外新知识的了解主要靠泡图书馆，大量阅读中外期刊和专业文献，资料整理靠复印和翻拍彩色胶片。阅读学术期刊可以获得最新的中外专业信息，而从专业书籍中得到的信息虽比较成熟，但相对陈旧。当时能够查阅到有关建筑与结构专业的论著较少，印象最深刻的有 P·L·奈尔维的《建筑的艺术与技术》（中国建筑工业出版社，1981 年）和托伯特·哈姆林的《建筑形式美的原则》（中国建筑工业出版社，1982 年），均为中文翻译版。国内著作当属布正伟先生的《现代建筑的结构构思与设计技巧》（天津科学技术出版社，1986 年）。外文原版著作以弗雷·奥托（Frei Otto）的《Das Hängende Dach—Gestalt und Struktur》（Im Bauwelt Verlag，1954）印象最为深刻，而且该书是弗雷·奥托的柏林工业大学土木工程博士学位论文的正式出版物。当年，导师梅先生曾经把他保存的该书俄文版借给我看过，我很快又在同济大学图书馆书库里找到了该书的德文原版，这令我读博期间初步掌握的第二外语德语在研读这部著作时发挥了直接作用，也对我全面了解弗雷·奥托的结构思想产生了积极效果。那些年，除了埋头钻研体育建筑、参与建筑设计和潜心阅读文献之外，在导师的推荐下，还积极参与国内体育建筑和空间结构两个专业领域的学术交流活动，这成为我丰富专业知识、了解行业动态和展示个人学术思想的一个重要途径。

　　我在 2000 年 10 月完成了博士论文《建筑创作与结构形态》的最终稿。在随后的两个月里又做了论文答辩前的准备工作。在导师梅季魁先生的安排下，作为建筑学的博士学位论文，我的论文评阅和答辩会除了请建筑专家外，还安排了结构专家。为我写论文评阅意见的专家，建筑学专业有马国馨院士（北京市建筑设计研究院）、卢济威教授（同济大学）和聂兰生教授（天津大学）等。结构专业有国内空间结构领域德高望重的两位学者，也是梅先生的老朋友蓝天教授（中国建筑科学研究院）和董石麟院士（浙江大学）。参加论文答辩会的还有结构专家——哈尔滨工业大学的沈士钊院士和张耀春教授。我的这段攻读建筑专业博士学位的经历在梅季魁先生口述《往事琐谈：我与体育建筑的一世情缘》（中国建筑工业出版社，2018 年 11 月）一书（附录七）中有过较为详尽的介绍。

　　博士毕业后，导师推荐我到上海现代建筑设计集团魏敦山建筑创作室兼职。我跟随设计大师魏敦山院士完成了多项体育建筑设计，并于 2003 年 6 月离开学习和工作了 19 年的同济大学，正式进入上海现代建筑设计集团，成为一名全职建筑师。

　　从我个人的建筑专业经历来看，能够有幸在读书期间确立自己的设计思想并落实在学位论文中，然后通过二十多年建筑设计实践来验证和强化这一思想，把梦想一步步地变为现实，这一切既得益于这几十年国家的经济建设快速发展，特别是体育建筑的蓬勃兴旺，又有赖于个人的坚持不懈和不断创新。感到欣慰的是，如今的专业氛围与当年已经大不相同了，探讨结构与建筑的关系话题逐渐成为建筑领域的热门话题之一，而且越来越得到业界的重视。我曾受邀参与了一些涉及结构与建筑关系的研究生学位论文评阅和答辩会，参加体育建筑和空间结构的国内、国际学术会议，也多次受邀在大学里为学生开设关于结构形态与建筑创作的专业讲座。多年来，以结构与建筑的关系为题目的众多学位论文中，我当年的博士论文屡屡作为参考文献被引用。

这二十多年里，有过几次将自己的博士学位论文出版成书的机会，我都因各种原因放弃了。三年前，空间结构分会举办了空间结构方面的专家系列讲座。在分会的安排下，我以博士学位论文为基础，结合个人的工程设计实践，为膜结构会员专业研修班整理了讲稿、开办了讲座。两年多前，空间结构分会组织出版专业系列丛书，并向我约稿，我又想起了自己的博士学位论文，于是就有了本书的写作。

随着国际交流的增多和信息传递的便捷，许多国外项目名称已有了中文通用译名。为此，本书对博士论文中的一些用词做了一些修改。当时文中引用的很多国外工程实例，自己后来都有幸亲临现场参观体验，这与只查阅文献相比加深了认识。这也是二十多年时间沉淀体现出来的优势。

本书第1~5章、第7章内容基本上保持了博士论文的原貌，仅做了少量订正。第6章为新撰写，结合本人主持或参与的部分大空间公共建筑典型实例，分析和介绍了结构与建筑有机结合的设计思路和实践成果。

二十多年光阴荏苒，从一个三十出头、跃跃欲试想发挥个人潜能的有志青年教师，到如今已经五十开外、获得了一些工程业绩的成熟建筑师，我个人的经历说明，致力于结构与建筑的有机结合是完全值得的、也是大有可为的。希望本书的正式出版能使更多的乐于追求建筑技术之美的同行能有机会了解我的观点和方法，大家共同促进空间结构和大跨建筑的发展。

感谢空间结构分会给我提供的这个出书机会。我在整理和撰写书稿之初，曾专程赴京拜会薛素铎理事长和李雄彦教授，讨论书稿的选题和定位，并得到了他们的支持和肯定。分会领导的大力支持是我完成本书写作的巨大动力。

感谢95岁高龄的蓝天先生为本书作序。蓝教授是中国空间结构事业奠基人之一，从我当年攻读博士期间赴京做专业调研时开始认识，二人即成为了忘年之交。他既是我的博士学位论文评阅人之一，也是引领我进入国内和国际空间结构学术领域的最重要的引路人。

感谢我的导师、今年92岁高龄的梅季魁教授。梅先生奠定了中国体育建筑的理论研究基础，设计了大量的体育建筑经典作品。虽然行动不便、居家多年，仍时刻关心体育建筑的发展。我在体育建筑设计方面的每一点进步，都离不开他当年的教诲；我在体育建筑领域的每一点成绩，都离不开他的关心和提携。

2022年8月20日

目　录

引 论

物质世界不存在有形态没有结构的现象，也不存在有结构而无形态的现象。建筑必须具备形象，因而也就离不开结构。建筑与结构密不可分的关系因结构形态的缘故而显得更加明朗了。

Chapter 1

General introduction

1.1　建筑设计的主要对象——空间

1.1.1　建筑的空间与实体

　　建筑是人们改变生存空间活动的产物，建筑的成果——建筑物——具有功能、技术和艺术特征。从建筑自身来看，应该包括实体和空间两部分。关于实体与空间的论述，最早且最为精辟的文献当数《老子》[①]，其中有"凿户牖以为室，当其无，有室之用。故有之以为利，无之以为用"的论断。可见，空间是目的，实体是手段。

　　作为空间与实体，不同学科的观点有很大的差别。不论从哲学还是从物理学来看，空间与实体的本质是相同的，即都是物质，是物质的两种不同表现形式。从宏观来看，自然界绝大部分是空间；从微观来看，即使是实体，它也是由无数微小粒子所组成的。如果把粒子看作实体，则实体中的绝大部分仍是空间。此外，我们所说的真空也并非绝对意义上的"空"，如光仍能以粒子或波的存在形式在其中传播。可见物质是无所不在的。空间与实体有着相互依存的关系，它是一切物质存在的前提。因为假如空间不存在，实体也就毫无意义了，反之亦然。

图 1.1　建筑中空间与实体的关系
Fig 1.1　Relationship between space and substance in architecture

　　本书所述的空间与实体并非指哲学范畴中绝对的有和无，而是作为以人为参照物的触觉和视觉尺度层次上的虚和实。但是，明确了二者的基本关系，则有助于我们面对纷繁而具体的建筑实际，从本质上去把握空间与实体的关系。

　　老子的"有"和"无"在现在看来更有辩证的意义，因为这要视认识角度而定。单个建筑立于旷野之中，在旁观者眼里，它确实像实体。然而，当观察者进入内部后，当中是空间，而周围墙壁成为实体。

　　正因为物质实体的介入，使得建筑具有了内部和外部两个空间，或者只具有其中之一（如隧道或纪念碑），建筑也同时具有了内部及外部两个形象。无论是内部空间还是外部空间，都要靠建筑的实体来界定；无论是内部形象还是外部形象，都要靠建筑的实体来表现（图 1.1）。不过，决定建筑空间与空间之间关系的还是空间，并非实体，因为建筑的实体只是用以决定空间的形式和尺度的手段。空间之间的联系与过渡还是要依赖空间。从这个意义上看，**建筑的本质就是空间**。

　　建筑设计应该着重于空间的塑造，而对实体的雕凿则属次要。

1.1.2　建筑的形与度

　　建筑中的形即形态，它是建筑中质的部分；建筑中的度即度量，它是建筑中量的部分。无论空间还是实体，都有形与度的关系。与此不同的是，以往把比例与尺度看作是建筑的两个主要方面。但本书认为，如果从广义来认识问题，比例实际上只是尺度的一个方面，

---

　　① 《老子》第十一章，"三十辐共一毂，当其无，有车之用。埏埴以为器，当其无，有器之用。凿户牖以为室，当其无，有室之用。故有之以为利，无之以为用。"

二者概念相近。它们都是进行量化的手段，无非一个是数量，一个是单位。因此，这里所说的度量即已经包含了比例关系的尺度。

举例来说，一个门，决定它是否为门的因素是形而不是度，因为人们不管它有怎样的尺度和高宽比例，以及是方是圆，都会将其归入门的范围，这一质的判断即为形态的概念。至于是什么样的门，则是度量上的判断。长、短、高、宽是尺度上的度量，或方或圆是曲度上的度量，而人体正是决定建筑尺度与曲度的最为通用的标准。

在形态学来看，重要的是事物有哪些组成部分及各部分存在着哪种关系，而关系的强弱远近则相对弱化了。如一个贝壳，即使其尺度和比例关系有所改变，它还是贝壳，其形态并未改变。形与度可以说是在比例与尺度之上又提高了一个层次。

建筑形态是指建筑的组成及各部分间的联系，是一种质的关系，是有和无、是与非的判断。因为从形态学的观点来看建筑，首先必须抛开具体尺度。

建筑度量是衡量建筑各组成部分间相互关系强与弱的标准，是一种量的关系，是在作了是和有的判断之后继续进行程度上的判断。它需要一个具体的单位（如人体）和与之相配套的比例关系。由于尺度并非等同于尺寸[1]，它在建筑中具有的独特概念，涉及参照物、视线角度及环境对比等多方面因素，因此，不能用尺度来简单地表述形态问题。

1.1.3　建筑空间的三种属性

由于建筑通常被认为是对以地面为界限的半无限空间进行的再分割[2]（至于地下建筑或空中建筑则另当别论），对于这半无限空间，本书拟将其划分为具有三种属性的子空间（图 1.2）：

（1）形象空间：外部空间、内部空间，它们与形象评价相对应；

（2）技术空间：结构空间、设备空间，它们与技术构成相对应；

（3）功能空间：实用空间、视听空间，它们与功能要求相对应。

上述三种子空间，既有依次包容的情况，也有互相交叉重叠的情况。例如，二层及多层空间网架结构，结构内部杆件交错间隙仍可布置马道、风管，满足了部分使用功能；若杆件布置不是很密，则可提供一定的视觉通透性，扩大了视觉空间；若结构构件错落有致、富有美感，结构便成为内部造型的一部分，内部空间由网架内缘扩大到外缘，技术空间也具备了形象功能。

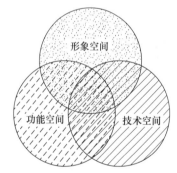

图 1.2　建筑空间的属性及其关系简图

Fig 1.2　The attribution of architectural spaces and their relationships

对于视觉空间，视角大小决定了空间分布范围的主次：30°清晰，60°次要，120°模糊。这对于观演性建筑空间尤其重要，可帮我们分清主次，以决定界面设计时着墨的浓淡。

建筑空间的划分也表明了建筑与结构的空间关系，进而明确了结构的地位，结构既是

---

①　苏联建筑科学院编，顾孟潮译，建筑构图概论，p168，中国建筑工业出版社，1983 年，北京

②　沈福煦，人与建筑，p28，学林出版社，1989 年，上海

限定建筑空间的手段，也可以成为建筑空间的一部分。

1.2　结构设计的主要对象——实体

在建筑活动中，结构通常只是被看作实现建筑目的的一种技术手段。但作为结构本身来讲，远不只限于建筑结构的范围，生物、地质、机械等领域都涉及结构问题。

1.2.1　结构的空间与实体

提起结构，人们一般都会把注意力集中在其实体部分，如构件形式、节点构造等。然而，结构的构成关系，也就是实体之间的关系更为重要。这里，空间正是表达结构中各实体间关系的一种形式，即用于确定实体之间的相对位置关系。设计和构筑一个结构，就是根据一定的秩序原则来构筑具有一定空间关系的实体体系（图1.3）。

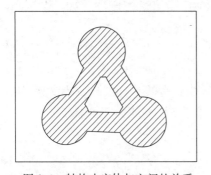

图 1.3　结构中实体与空间的关系

Fig 1.3　Relationship between substance and space in structure

此外，结构的空间与建筑的空间，在物理意义上有时也有可能不一样，因为对于结构来说，结构实体之间的空隙部分如果有其他介质的存在（如土壤、水、气体等），只要这些介质与结构本身不存在相互作用（或相互作用可被忽略），这些介质对于结构来说也是"空间"。

实体之间的相互关系必须靠物质来维系，有时靠有形的物质维系，如杆件、拉索，有时也靠无形的物质维系，如万有引力、电磁场及气压、液压等。这些用于维系结构关系的有形或无形的物质，对结构来说也等于是实体。可见，**结构的本质就是实体**。

1.2.2　结构的分级

从结构体系的构成来看，任何复杂的结构都可视为简单的结构单元的组合体。一个主体结构由若干个结构单元组成，这里，主体结构即为一级结构（母结构），其组成部分则为二级结构（子结构）。结构的分级也是相对的，一个结构单元的级别要看它在整个结构体系当中所处的地位而定。从各级结构的作用来看，一级结构对整个结构形态的构成和结构的安全可靠起着决定性作用。分清结构的主次，有助于我们设计、分析与评价结构形态的合理性。图1.4以高层建筑巨型结构为例说明结构的分级。

此外，结构的分级与建筑空间的分层，因形态的构成而有着必然的联系。在建筑设计时，我们可以兼顾建筑元素与结构元素的功能需要，在正确表现建筑空间的同时，合理地构筑结构形态。

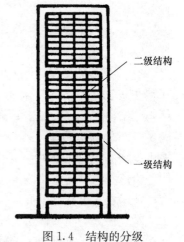

二级结构

一级结构

图 1.4　结构的分级

Fig 1.4　Grade of structure

1.2.3　结构的性能

结构的可靠性　这是人们关心的首要问题。它又可分为稳定性和耐久性两方面。稳定性是结构设计的中心内容，耐久性是对设计者提出的更高要求，即选材是否合理、对所处环境是否有足够的认识。

结构的可行性　一方面要考虑其经济性，是现实物质条件所能满足的；另一方面是其现实性，即通过一定的技术手段能够得以实现。

结构的适用性　它涉及一个结构是否能够与预定的建筑要求相适应。由于建筑的要求涉及功能、形态、环境、技术和社会多方面因素，因而对结构的适用性要求也将是多方面的。

1.2.4　结构形态与结构形态学

物质世界不存在有形态没有结构的现象，也不存在有结构而无形态的现象。可以说，结构与形态是一对孪生兄弟，有着密不可分的关系。

（1）结构形态及其基本概念

结构形态是结构内在本质的外在表现。它决不是孤立的结构现象，而是抽象的结构规律的形象化体现。实际上，由结构现象上升到结构理论，我们不经意地都要经过结构形态分析的环节。例如，一块岩石、一棵大树、一只贝壳……都具有复杂的结构。要想对其进行力学分析，首先必须在形态上将其抽象为结构模型，并用结构简图予以表示。这种形态上的抽象就是结构形态的分析。结构形态分析得恰当、准确，接下来所作的理论分析就能够代表实际的结构现象；否则，理论分析就难以反映实际。因此，结构形态分析的重要性是不言而喻的。

结构形态学（Structural Morphology）是近年来兴起的、对结构基本问题进行探讨的一个重要研究方向，尽管目前尚未形成系统成熟的理论体系，但从它所要研究和解决的问题来看，则具有全新的意义。结构形态学与早期的形态学研究有一定渊源。**形态学**最初用于研究生物的分类与演化，后来逐渐扩展到几乎所有的学科领域。

（2）结构形态学的研究工具

由于自然现象的复杂多变，如何用一种明确的逻辑关系来描述和分析自然形态就成为一个重要问题。1972 年，法国的曼德勃罗（Benoit Mandelbrot）创立了**分形几何学**，为此提供了有效的数学工具。它揭示出，现实形态中不仅有一维、二维……还有一点几维。更重要的是，许多看似复杂的自然现象，如生物生长、江河分支、云团变化等，都具有自身的相似性，都能用极少的数学参数加以描述（图 1.5）。在高科技时代，分形几何对涉及形态的数字模拟发挥了重要作用，这也为研究复杂的结构形态提供了有力的工具。

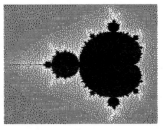

图 1.5　典型的分形图像

Fig 1.5　Typical fractal figure

决定结构形态合理与否的自然法则是**能量最低原理**。能量是物质存在的一种方式。一种物质结构能够相对保持一定的稳定性，就是因为它处于能量较低的状态。生命现象虽然更复杂，但能量法则对生物界同样有效。一切生物的生存全依赖它对能量的获取，植物、动物、微生物无不如此。是繁衍还是被淘汰，关键因素仍在于能量，即是否能以尽可能少的能量来维系尽可能多的生物活动。能量利用率高的物种得以保存，浪费能量较多的物种则被淘汰，这种现象在生存条件恶化的时期表现得最明显。长期生存竞争演化的结果，使得生物结构形态的合理性与生俱来。

判断一种人造的结构形态合理与否，也要看它是否"节能"。例如，通过张拉而成型的索结构，就要看它是否能以较小的应变能获得维持结构形态稳定的较大刚度。

此外，以较少的材料实现较大的结构空间，是我们通常判别结构优劣的一种尺度。而节省材料的本质仍是节省能量（资源）。从这个意义上说，结构形态的优化，对于建筑的可持续发展有积极的作用。

（3）结构形态学的研究思路

现有结构现象的形成是长期自然演化的结果，人类对自然界认识和利用的同时，对结构的认识和利用也在不断深化。从结构现象看到结构本质，由感性认识上升到理性认识，由不自觉地认识走向主动地去认识，进而创造出新结构，这就是结构形态学研究的基本思路。如何在纷繁复杂的结构类型中理出头绪，如何在习以为常的结构现象中找出规律，在此基础上提出构成新结构的方法，这都是结构形态学的研究所要解决的问题。

结构形态的工作一方面是研究，另一方面是设计。结构形态的设计偏重于结构形态学的应用，多针对具体的工程对象提出解决方案，通过工程实际来体现结构的形态。而结构形态的研究涉及多种学科，采用多种手段，它针对的是结构形态最基本、最普遍的现象和问题，以构筑结构形态学的理论体系为目的。在知识创新方面，前者偏重于应用，后者偏重于理论。

因此，若提及结构形态，便可以有两方面的含义。从广义来讲，它涉及结构整体及各个组成部分的结构形式的总和，既包括结构选型，也包括结构的细部构造；从狭义来讲，则指结构形态学范畴中的结构形态，它更加概念化和理论化。如果把具体的结构选型操作看作形而下，那么结构形态分析则属于形而上。

1.3 建筑与结构关系的理性思考

建筑与结构如同空间与实体，是相互依存、互为补充的关系。对照图 1.1 和图 1.3，我们不难发现二者的辩证关系。借用中国传统的哲学思想，我们不妨把建筑与结构的关系用图 1.6 来表示。最为奇妙的是，从中我们能找到"建筑中的结构"和"结构中的建筑"。这种你中有我、我中有你的关系，把二者联系得更紧密。这表明，建筑的设计也包含一部分结构的思考，而结构的设计也包含一部分建筑的思考；和谐的建筑蕴涵着合理的结构，而合理的结构也能反映出和谐的建筑……我们由此可以联想出很多很多。

建筑与结构的相互包容和密不可分，可以通过对历史和现实的思考得出应有的结论。

1.3.1 历史地看待建筑与结构的关系——纵向

建筑是人们改造自身生存环境的一种创造性活动，历来受自然、社会和技术条件的影响。结构与人们的生产力水平有直接关系，主要取决于所处时代的知识、技术和物质（财力物力）水平；建筑所受的影响却复杂得多，包括地域、种族、历史、文化和社会形态等诸多因素，也可以说是这些诸多因素的综合表现和物质载体。从狭义上讲，结构属于技术范畴，建筑属于文化范畴。从社会进步的角度来看，结构与时代的技术和科学同步发展，是先进生产力的一种象征；相对于结构的发展，建筑则有一定的滞后，作为社会意识形态的代言人，在多数情况下，它很难表达同时代的技术发展所应有的水平，有时甚至阻碍结构技术的进步。二者关系不甚协调。

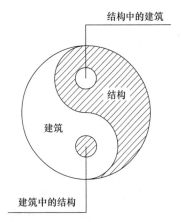

图 1.6　"建筑中的结构"和"结构中的建筑"

Fig 1.6　"Structure in architecture" and "Architecture in structure"

1.3.2　现实地看待建筑与结构的关系——横向

结构与建筑并非相互隶属的关系，而是既相对独立、又时有重叠。结构作为一种技术手段，其服务范围十分广泛，存在于生活的方方面面。各类生产、生活工具和农业、工业、交通、水利等各个领域都存在结构现象，都需要结构技术来解决问题。与建筑相关的只是**建筑结构**，对于建筑从业人员，我们平常所说的结构指的也就是建筑结构，它是本书讨论的重点。

建筑与结构的相互制约广泛存在于建筑设计实践中。成功的建筑作品应该是建筑与结构都得到充分发挥和充分表现的综合体。随着高技术对社会生活的影响越来越大，建筑领域也要适应这一趋势，通过结构技术的完善与提高，带动建筑设计思想的转变与进步，实现建筑形态、建筑功能和建筑技术的全面创新。

1.3.3　实现建筑与结构和谐统一的方法

建筑与结构实现和谐统一的根本点在于实现结构形态的合理应用。过去，建筑多注重形态的几何特征，忽视其结构方面的合理性；结构则多注重结构的实用性，却忽视了在形态方面的和谐美。由于形态与结构的密不可分，实现建筑与结构的和谐统一也就存在客观必然性。对形态构成的关注是两大专业最大的共识，应该成为合作的基点。

体、线、面这些形态方面的概念，对于建筑和结构来说，都是一些相对的概念。在建筑方面，一座建筑尽管是由梁、柱、墙这些线、面元素构成，但整体上却可把它当成体块来分割组合；在结构方面，对于一种结构，从何种角度来看待它，以何种形态来简化它，关系到采用何种方法去计算分析才更为合理。20世纪五六十年代，对混凝土网壳的计算分析，由于杆系复杂，大量的计算又无电子计算机辅助，于是就有人提出用连续介质力学中的壳体解析法作模拟计算，很实用。对于多层空间网架，针对网格结构的有限单元法如今已很普遍了，按说这种离散方法对于网架更有针对性，然而已有的分析结果却并非十全十美，因为离散过程中的模态分析就不能完全反映真实的结构关系，反而有的解析方法更能显示网架结构的本质。形似似乎不如神似。

以结构形态的构成方法来表现建筑的形态，是一种行之有效的设计方法。

1.4　建筑形式美学与结构形态的关系

形式美学是经过长期发展形成的，它代表了人们成熟的美学观。形式美学因不同的文化、地域、宗教和历史背景而有着不同的内涵和外在表现。对同样的事物，在不同的国度和不同的民族以及不同的时代，都会有不同的美学评价。表现在建筑形式上，自然有着鲜明的特征。但是，人们对建筑美学的探究，无一例外都要寻求现实的依据。

1.4.1　建筑形式美的一般原则及其决定因素

在现有的建筑形式美学中，通常将建筑形式美的一般规律归纳为：比例、尺度、均衡、韵律、对比等原则①。这是长期以来，人们对建筑形式所作的经典性的总结，是指导建筑师创作活动的美学指针。合理的形态要用于建筑，也必须经过美学加工，成为符合一定审美规范的建筑。

建筑美学是一种现实的美学，会受到来自现实生活中的各种影响，处在比较缓慢的变化发展之中。概括起来，建筑美学是由以下三方面因素决定的：

首先，建筑的美是功能的要求所决定的，这种功能要求主要是要符合人的具体需求，包括物质和精神需求。例如，建筑的许多比例、尺度美感都符合人体工程学的原则。此外，还有建筑的其他实用功能需求以及环境的需求也有很大影响。

其次，建筑的美是技术水平所决定的，具有可行性和现实性。建筑的美是可以实现的，而不只是头脑中的美或是画布上的美，这就使建筑的美受到一定的局限。但同时，建筑的美也就会体现出与其相对应的技术美学特征。

最后，建筑的美是社会意识形态所决定的，应符合社会、历史、文化和宗教等一系列审美观念。特别是由于历史的积淀所具有的深刻影响，建筑美学要创新，所担负的任务是相当艰巨的，发展也必然是缓慢的。

1.4.2　建筑形式美的技术渊源

建筑的形式美是通过建筑的物质实体来表达的，而建筑又是通过合理的技术手段来实现的，因此，对于建筑，优美与合理之间有着必然的联系。中国古建筑的屋顶曲面反宇向阳，这种曲面的美能够在实际功能中找出依据，因为这种形式便于雨水的下泄，具有运动力学的理论依据。有人说，这种形式使雨水能向外甩出而不溅到墙面上，但是，瓦当的滴水却是指向正下方的而不是向外的斜下方，因而，这只是今天人们的揣测，缺乏严格的考证，不能自圆其说也是很自然的（图1.7）。

建筑形式美在形成过程中，技术的影响是巨大的，有时也是决定性的。这中间，结构技术具有显著的影响。我们所要探讨的正是建筑形式与结构本质的关系。

由于泊松比（Poisson's ratio）的影响，材料在受力时各个方向上的变形是相互牵连的。如圆柱在单向受压时，在受力方向上产生压缩变形而缩短，与受力方向垂直的方向则向两边扩张，构件成鼓形（图1.8）。我们中国传统建筑的柱础（石质）形态恰好与此相同，这一形态符合人们对材料受压变形的直观认识，反映了敦实稳重的审美心态。与此相反，若表现轻盈和向上提升感，构件就应体现受拉变形所应有的形态特征，即侧向内收。这些美的形态具有力学上的合理性。又如，古希腊多立克柱式之所以能给人以稳重的感觉，不仅仅是其长细比，还有上细下粗的曲线变化。中国唐宋时期的木柱形态、中国古塔形态也有类似的收分。这种收分的形态也恰好符合材料在自重作用下的变形（图1.9）。此外，

---

① 托伯特·哈姆林著，邹德侬译，沈玉麟校，建筑形式美的原则，中国建筑工业出版社，1982年，北京

拱券的形态、古希腊柱头的形态、斗拱的形态等，都是结构功能的必然反映，此类实例不胜枚举。

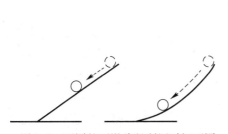

图 1.7 不同的下滑路径所用时间不同

Fig 1.7 Different path spends different time

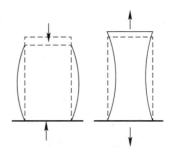

图 1.8 材料的拉压变形

Fig 1.8 Tensile and compressed deformation of material

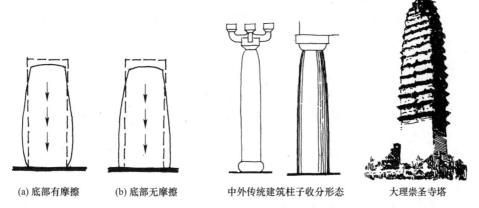

(a) 底部有摩擦　　(b) 底部无摩擦　　中外传统建筑柱子收分形态　　大理崇圣寺塔

图 1.9 材料在自重作用下的变形及建筑的收分形态

Fig 1.9 The deformation of material under gravity and the curve outline of building

以曲为美也是古今中外的美学共识。早在 1753 年，William Hogarth 在 Analysis of Beauty 一书中，曾对双重曲线作过评述，并认为既不过分弯曲又不过分平直的才算是美的曲线（Line of Beauty）[①]（图 1.10）。自然界的本质是非线性的。甚至现代宇宙学所揭示出的空间和时间关系也存在弯曲的特性。然而现实生活中，大量平直生硬的结构形象很难使人与变化多端的美妙曲线相联系，这实际上是对结构的误解。结构的设计从便于计算和施工的角度出发，将结构构件多取为等截面直杆。但从结构的内在规律来看，无论是内力的分布，还是结构的变形，大都具有明显的非线性特征。真实的结构应该是形态多变的，这从自然界丰富的结构现象就能看出。因此，我们只有从结构形

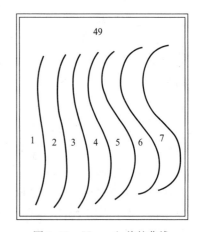

图 1.10 Hogarth 美的曲线

Fig 1.10 Hogarth's line of beauty

① Battle McCarthy, Multi-Source Synthesis, Architectural Design（AD），pIII, 1997（1-2）

态的本质出发，才能正确运用结构手段来表现建筑形象。

1.4.3 技术美学在建筑领域的表现

建筑结构与技术美学相结合，不仅仅是要完成结构上的功能要求，还要介入视觉美感的领域，成为构成建筑美的一个重要手段。

对于技术美学，有两种不同的观点和设计理念。一种是以密斯为代表的，通过建筑来表现技术，而且重视技术表现的每一个细节，从而把技术的表现发挥到极致；另一种是以奥托为代表的，对自然的结构形态倍加推崇，提倡通过技术构成手段来体现自然的形态，把符合自然的形态作为美的形态标准。

我们认为，当把结构作为表现建筑的手段来运用时，从结构形态的整体构成来看，应注重构筑合理的、符合自然规律的结构形态；从结构形态的细部表现来看，也提倡对结构的局部形态作技术上的细致处理，而且也应做到自然合理、恰如其分。技术美学与结构形态要建立起有机的联系，就要从结构的各个方面综合考虑，以达到出于人工、宛若天成的目的。

1.5 建筑与结构的时代特征

1.5.1 建筑的时间性

建筑通常是以其风格形式作为时代的标志。由于建筑是某个历史条件下的产物，可以作为时间的坐标或参照，从这个意义来讲，建筑同其他文物一样有时间性。

有种观点曾长期误导人们的建筑观，即把时间作为"第四度空间"来描述建筑，这是受 19 世纪末立体派绘画艺术的影响[①]。步移景异是空间本身所具有的特征，与时间进程无关。把时间当成"第四度空间"只是艺术家的一种想象，它缺乏严谨的理性思考，无法对其进行深入推敲。正如谢林把建筑看作"凝固的音乐"一样，人们没必要对其进行深究，不然就可能产生许多不合逻辑的结论，反而远离了谢林的初衷。

建筑之所以能作为历史的见证，恰恰是由于它与时间的流动活跃相比表现出较强的"惰性"——历经多年而少有变化——成为时间长轴上相对固定的一个坐标点。其自身的空间性质相对于时间表现出了明确的独立性，即不依赖于时间。假如建筑自身随着时间的推移不断变化或是消失，那就失去了历史意义。如果说建筑具有某种时间特性，那么这种时间特性就是它具有历史性或时代性。

1.5.2 结构技术表现的时代特征

石器时代、青铜器时代、铁器时代……，我们常以技术条件作为衡量时代发展水平的标尺。结构作为一种技术形态，一定程度上体现着时代的生产力水平，自然也具有所处时代的特征。结构在构筑建筑的同时，就会把时代的技术特征融进建筑的每个角落。我们今天在对古建筑进行断代考证时，也总会把它的结构技术特征作为判别的依据之一，而且技术特征会比风格特征更可靠。

建筑的设计要走在时代的前列，就必须以最新的技术手段来提高设计手法、丰富设计

---

① 布鲁诺·赛维著，张似赞译，建筑空间论——如何品评建筑，p12～13，中国建筑工业出版社，1985 年，北京

构思。建筑师虽然要有超前意识，但更重要的是应反映所处时代的现实。没有鲜明的时代特征，就难以引导未来的发展趋势。未来事物难以预料，是不以建筑师个人意志为转移的，刻意标榜的未来式建筑必然会落空。将现实中的最新的科学技术和最新的思维意识物化在建筑之中，创造出既满足时代要求又有别于以往形式的建筑，这就是最大的成功。

1.5.3　现代高技术条件下，功能、结构、形式之间的相互关系

功能、结构和形式，三者是互为条件、彼此依存的关系，必须都得到满足。对于建筑，高技术的发展为功能的完善、结构的合理和形式的完美提供了比以往更为便利的条件。

现代公共建筑的一个重要特征是既要在内容上满足人们现代公共活动的功能需要，又要在形式上给人以精神上美的享受。从建筑师的创作意图来看，无论是宽敞开阔的大空间，还是尺度宜人的小空间，外在形式都力求别开生面，内在技术也试图尽量反映当今时代的最新水平。信息化对社会生活的影响已初露端倪，我们有理由相信，信息技术对建筑的影响将是不可估量的。

1.6　小结

（1）**建筑的空间本质**　建筑是人们改变生存空间活动的产物。建筑既离不开空间，也离不开实体，但建筑的本质在于它的空间属性。复杂的建筑应体现在空间关系的复杂性，是复杂的多重空间组合体。人们之所以对建筑的实体部分非常感兴趣，主要是由于建筑也是一种文化现象，是各种思维、情感的综合载体，有一定的艺术价值。但撇开了建筑的本质——空间，建筑就只能让位于其他的艺术或技术形态，自身也就没有存在的必要了。

（2）**结构的实体本质**　物质世界不存在有形态没有结构的现象，也不存在有结构而无形态的现象。结构是构筑形态必不可少的物质手段。结构的本质是物质实体，是符合一定秩序关系的实体体系，用于维系这种秩序关系的仍是物质实体。合理的秩序关系是构筑结构形态的基本原则；同样，完美的结构形态必然体现了合理的结构原则。正确的结构理论应是这些合理性的真实反映。结构因其技术上的保证，满足建筑在可靠、可行和适用等方面的性能。

（3）**建筑与结构的关系**　建筑与结构如同空间与实体，彼此互为条件、相互依存。以形态为中介，建筑与结构密不可分。不过，建筑由于受社会意识形态的影响较重，经常滞后于结构技术的发展，使得建筑未必总能体现一个时代的先进技术。但是，目的与手段的一致性推进了建筑与结构的协调发展，我们总能不断发现历史上建筑与结构完美结合的亮点。建筑与结构实现和谐统一的根本点在于实现结构形态的合理应用。借助于结构形态的研究和创新，我们就能够以崭新的结构创造崭新的建筑。

（4）**建筑的形式美学**　建筑之美，源于自然、源于历史、源于社会。建筑的形式美是通过建筑的物质实体来表达的，而建筑实体又是通过合理的技术手段实现的。建筑的优美与合理之间有着内在的联系。建筑中任何一种形式美学处理手法总能找到技术上的渊源。技术美学是伴随着技术的发展和应用而形成的特殊的美学观，技术美学也是建筑美学中所受束缚最少、发展最快的一支。从历史上看，结构技术对建筑形态的演化、对建筑美学观念的形成、对建筑设计的手法都曾产生巨大的影响。结构技术对今后建筑的发展也将具有深远的影响。

（5）**建筑的时代特征**　建筑是时代的产物，具有鲜明的时代特征，这才是建筑真正的

时间性。建筑通过一定的风格形式来映射历史，建筑也通过一定的技术内容来表达现实。在科学技术飞速发展的今天，我们在继承传统文化的同时，也有义务把富有时代特征的新技术体现在建筑设计之中。在把握建筑的现实和未来走向时，应该以技术手段赋予建筑以时代气息，而不是靠主观臆断来构筑形式上的"当代风格建筑"或"未来风格建筑"，这才是建筑设计的正确之道。

第 2 章

建筑与结构关系的历史沿革与现实意义

一种结构形式一旦成熟，便会走向程式化，进而变成美学上的一种规范形式。于是渐渐失去了结构本意上的合理性，削弱甚至丧失了其原有功能性。这似乎是所有结构形式发展的一种归宿。

Chapter 2

Origin and development of relationship between architecture and structure

2.1　人类建筑活动的基本问题

2.1.1　影响人类建筑活动的基本因素

人类的建筑活动始终离不开自然条件、社会要求及技术水平。

自然条件不仅包括人们赖以生存的地理气候等自然环境，也包括人们所能利用的自然资源。自然条件是影响人类建筑活动的最基本的、也是起决定作用的因素。不论人类技术水平发展有多么高，都离不开自然条件的制约，也都必然要与自然条件相适应。

社会要求是建筑得以发展进步的主观原动力，它来自两个方面，一是社会需求，二是社会约束。人类社会的不同发展阶段对建筑有着不同的需要，对建筑空间的尺度和形式也有着不同要求。但这种要求并不单单取决于人们的需要，还要受到社会因素的制约，诸如历史、文化、宗教和社会制度等。

技术水平是指人们认识自然和改造自然的能力在建筑活动中的反映。由于建筑向来是人们改造生存环境的最为重要的活动，因此，从历史上看，任何时代的上佳建筑都是当时最高技术水平的综合反映。技术既具有理论知识的精神性，又具有实践手段的物质性，因此，建筑技术是人们使主观意愿与客观现实、社会需求与自然条件得以沟通的一座桥梁。

2.1.2　建筑活动所应反映的内容

自然、社会及技术既是影响建筑活动的基本因素，又是建筑所应反映的重要内容。

首先，建筑必然具有自然性，它要与当地的自然条件相适应，从形式到内容，必然带有地域特征。

其次，建筑同样具有社会性，是当时、当地人们生活的一种现实反映，而从风土人情等方面来看，也必然带有人文色彩。

最后，建筑也要具有技术性，在一定程度上要反映当代的技术水平，建筑的历史也是建筑技术的发展史。

2.1.3　结构技术在建筑活动中的地位和作用

结构技术涉及人类活动的各个方面，如生产工具、生活用具的构造等，都离不开结构技术的参与。结构技术能够得以发展，源于人们对现实生活的观察所形成的经验积累，这种经验积累反过来又服务于人们改造现实的物质活动。结构技术在建筑领域的分支——建筑结构——是伴随着人类建筑活动逐渐形成发展起来的，而且与建筑一样，具有鲜明的时代特征和地域特征。

结构技术长期以来，不论在西方还是在东方，始终呈经验型，而且发展缓慢。只是随着西方近现代科学的产生和发展，使其在力学普遍规律的指导下，逐步兼具理论型，并获得了迅猛发展。建筑结构从总体来看，始终还是属于技术范畴而不是科学范畴，充其量只能算作应用科学。本着这一基本观点，本书始终把结构称为结构技术。

结构技术在建筑活动所涉的诸多技术领域中有着独特作用，特别是对于建筑形态的塑造，起着至关重要的作用。如果要在整体上把握建筑形态，更是离不开结构的参与。

2.2　建筑与结构关系的历史脉络

从建筑的产生和早期发展看，建筑与结构可以说是难分彼此。

2.2.1　原始人类建筑

源于自然、结合自然、实用为主是原始人类从事建筑活动的重要特征。限于人们对自然的认识程度和当时的技术水平，人们无疑要过多地依赖自然条件，对自然环境也只能进行极为有限的改变。从建筑的要求来讲，必然以遮风避雨为主，不可能有丰富多彩的精神需求，从原始人群的社会规模来看，是无法与后来的文明社会相比的，对建筑的规模和内部空间的需求也十分有限。家庭的出现，更使较小的建筑空间成为人们需求的主流。人们日常活动范围也是很有限的，建筑材料的来源只能是附近既有的物质资料。

从文献记载和考古发现来看，穴居和巢居是原始人类建筑的主要形式[1]（图 2.1）。它们在一定程度上反映了当时人类的建筑技术水平。即使是早期的天然洞穴，也曾留下人们利用简单工具对其进行改造的印迹。

图 2.1　原始人类的巢居与穴居及其演变

Fig 2.1　Primitive nest-house and cave-house and their development

原始穴居可以从距今约六十万至二十五万年前的北京周口店"北京人"遗址[2]得到佐证，而巢居只有早期文献[3]和现有东南亚岛屿土著人的巢居借以推测，并无实证。对于原始人类建筑，从技术层面来看，能够反映人们对结构知识的掌握要数黄河流域的地上或半穴居建筑和长江流域的干阑式建筑。

处于仰韶文化时期的陕西西安半坡村遗址，经考证，地上建筑为木骨架上扎接枝条再涂泥而成，墙壁和屋顶均如此。室内有木柱支撑，构件连接推测为绑扎法。由于判据不足，人们对上部结构的复原想象曾先后有不同结果[4,5]（图 2.2）。本书认为，后者比较可信。因为，想象的出发点不能仅以后世所存在的建筑结构形式来判断，也要给将来的发展留

---

① 侯幼彬，中国建筑美学，p2，黑龙江科学技术出版社，1998 年，哈尔滨
② 刘致平，中国建筑类型及结构（新一版），p2，中国建筑工业出版社，1987 年，北京
③ 《孟子·滕文公》："下者为巢，上者为营窟"
④ 刘敦桢，中国古代建筑史（第二版），p23，中国建筑工业出版社，1984 年，北京
⑤ 侯幼彬，中国建筑美学，p3，黑龙江科学技术出版社，1998 年，哈尔滨

有余地。更主要的是，在证据不充分的情况下，结构形式的判断应出于构造简洁、受力直接。

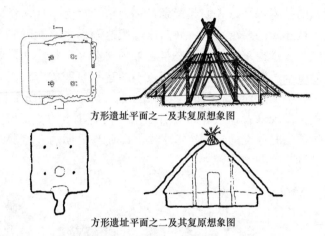

方形遗址平面之一及其复原想象图

方形遗址平面之二及其复原想象图

图 2.2 西安半坡村方形遗址及其复原想象图

Fig 2.2 Square relics in Banpo village in Xi'an and several recovery images

  浙江余姚的河母渡遗址代表了距今六、七千年的干阑式木构建筑。出土的木构件表明，节点连接采用卯榫。除因工具限制稍欠精致外，其卯榫加工的准确合理与现今木结构的接头几乎并无二致[①]（图 2.3），可见其木结构连接的技术方法已趋于成熟。近年来，该遗址博物馆也对上部结构作了想象复原，效果尚可。

  此外，简单的石建筑在原始人类建筑中也有一席之地，如英格兰的石阵和我国辽宁的石屋遗址（图 2.4）。不过，从现有的考古发掘来看，石建筑的规模和分布范围都比较小。

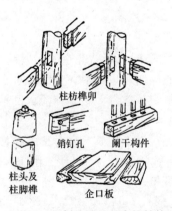

柱枋榫卯

销钉孔 阑干构件

柱头及
柱脚榫

企口板

图 2.3 河姆渡遗址的卯榫结构

Fig 2.3 The wooden structural
joints of Hemudu relics

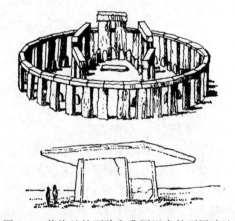

图 2.4 英格兰的石阵和我国辽宁的石屋遗址

Fig 2.4 Stone relics of England
and of Liaoning, China

---

  ① 《中国建筑史》编写组，中国建筑史（第三版），p2，中国建筑工业出版社，1993 年，北京

随着社会的发展，原始社会后期的生土建筑和木构泥墙建筑规模逐渐扩大，但结构技术未见有较大进步。

2.2.2 西方古典建筑

西方古典建筑在结构的发展和应用上有几个具有划时代特征的代表性时期。

古埃及建筑 以其宏伟壮观的金字塔和太阳神庙展示了当时建筑技术的巨大成就。

大约在公元前三千年开始出现的金字塔，其形态上的演化，基本上反映了建筑技术的探索过程。与内部狭窄的空间相比，从整体上看，金字塔仍属于实体结构。早期的阶梯形金字塔可以说是宫殿在层数和体量上的扩大（图 2.5）。经过了多次尝试和失败，人们逐渐摸索出了最优的砌筑方式和合理的塔体休止角，经历了几代法老后即基本确定了型制[1]。后来随着国力的衰微，体量上大不如前，但结构形态基本未变（图 2.6）。

图 2.5 古埃及砖石住宅与早期金字塔

Fig 2.5 The brick house and early pyramid in ancient Egypt

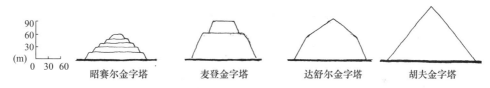

图 2.6 古埃及金字塔的演变

Fig 2.6 The development of pyramid in ancient Egypt

古埃及早期的石建筑基本是模拟过去用纸草和泥砖构筑房屋的技术形态，构件尚不具备合理的结构功能。经过演变后才形成了真正的梁柱结构体系。不过，在高大的太阳神庙的石柱上，仍保留了纸草花的装饰痕迹（图 2.7）。

古希腊建筑 被尊为西方古典建筑的源头，它确立了西方古典建筑的基本柱式和山花形式。

据传，希腊是向埃及人学会了运用石料构筑建筑的技术。古希腊建筑尽管是以石材为主的梁柱结构，但是从其结构形式和节点连接方式来看，仍反映了早期木结构的特性[2]。虽然经过了一定的演变，从额枋、檐口和托板等部件的形式和作用来看，仍与木结构相

图 2.7 古埃及太阳神庙的石柱群

Fig 2.7 Stone pillars in ancient Egyptian temple

[1] http://www.discovery.com

[2] 罗小未，蔡婉英，外国建筑史图说（古代—十八世纪），p31，同济大学出版社，1986 年，上海

近（图2.8）。柱头和柱础的扩大在逻辑上合乎结构传力，柱身的收分正如第1章所阐明的，也合乎受压构件的变形特征（图2.9）。然而，为世人所关注的并非结构上的合理性，而是演变中所形成的艺术形式、也是构造形式——柱式。由功能构件演变为装饰构件看来是建筑发展的必然，正如奈尔维所说，"古代所有特征性的细部都是产生于技术上的需要，然而很快又得到一种精确的艺术形式，似乎这才是它们自身的归宿。"[①]

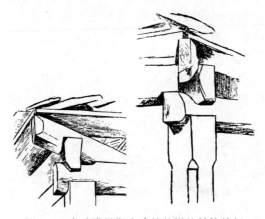

图2.8　古希腊早期木建筑的梁柱结构特征

Fig 2.8　Structural characters of beam-column structure of wooden buildings in early ancient Greece

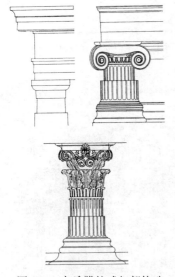

图2.9　古希腊柱式细部构造

Fig 2.9　Details of ancient Greek column orders

　　总的来看，古希腊建筑的成就主要在于建筑形式美学。从一般建筑技术来看，石材的防火和耐久性较木材为好，但在结构技术方面，古希腊建筑并未有所突破，因为对于梁柱结构体系，一方面要看构件的抗弯、抗压强度；另一方面要看节点连接的可靠性。而从重量强度比来看，石材远不及木材，石料间的搭接全靠自重来求得稳定。抗拉强度之低直接削弱了构件的抗弯强度，大大限制了梁的跨度，必然影响建筑内部空间规模。有学者认为，古希腊建筑没有空间感，更像雕塑[②]，这只是表明了现象。本质上看，仍是技术落后所致。如果说这是新材料沿用了旧形式一点也不过分。

　　古罗马建筑　尽管在建筑形式上的创新不多，以继承古希腊建筑为主，但以拱券和穹顶为特征的结构形式却将古典建筑从技术上推向了一个新高峰，进而确立了古典主义的建筑美学观。

　　拱券尽管早已有之，但古罗马建筑的功绩在于通过广泛地运用于建筑实践而形成了一套完整的技术，恰当地发挥了

石材的抗压作用，可谓扬长避短（图 2.10）。此外，以
火山灰为主要成分的天然混凝土较石材更易于成型，并
使人类实现真正意义上的大跨度建筑空间成为可能。万
神庙可称为这一发展的里程碑（图 2.11）。

在建筑理论上，维特鲁威的《建筑十书》既是对古
希腊建筑的总结，又是对古罗马建筑实践经验的概括。
古罗马建筑所确立的形式美学观随着罗马帝国版图的扩
张而广为传播，产生了深远的影响，但其结构上的合理
性却未能一脉相承。

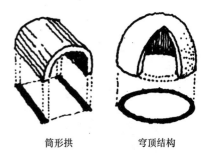

筒形拱　　　穹顶结构

图 2.10　古罗马建筑典型的拱券结构
Fig 2.10　Typical vault of ancient
Roman building

哥特式建筑　　则是西方古典建筑发展的又一大进
步，表现在它对结构形式的探求几乎达到了尽善尽美的地步。

图 2.11　万神庙平面图及剖面图
Fig 2.11　Plane and section of pantheon in Rome

哥特式建筑所处的时代并非科学和技术发展的鼎盛时期，但建筑工匠所焕发出的探索
热情却丝毫不减，对石拱结构功能效率的发掘近乎极致，即使现代人也难以对其结构进行
删减[1]。哥特式建筑在结构上的创新也给其建筑艺术形式带来了根本变化，其中几乎找不
到古典建筑中柱式的痕迹：尖拱代替了圆拱，轻巧的飞扶壁代替了厚重的石墙，纤细颀长
的束柱代替了凝重的古典式墩柱（图 2.12）。拱顶结构构件的布置在合理地表达结构的同
时也极富装饰感。这些肋拱或是简洁凝练，或是层叠有序；既有线条的表达，又有韵律的
展开（图 2.13a）。结构与建筑的结合确实有无懈可击之感。难怪 20 世纪的人们仍对其情
有独钟，有的通过结构分析和实验证明其合理性[2]，有的在设计实践中力图反映哥特式建
筑的精髓，如 20 世纪初的建筑师高迪（Antoni Gaudi）和世纪末的后起之秀卡拉特拉瓦
（Calatrava），这些都表明了哥特式建筑的可贵之处。不过，哥特式建筑到了后期，也摆脱
不了追求烦琐装饰的老毛病（图 2.13b、c）。

---

[1]　P·L·奈尔维著，黄运升译，周卜颐校，建筑的艺术与技术，p3～4，中国建筑工业出版社，
1981 年，北京

[2]　Robert Mark，Experiments in Gothic Structure，The MIT Press，Cambridge，1982

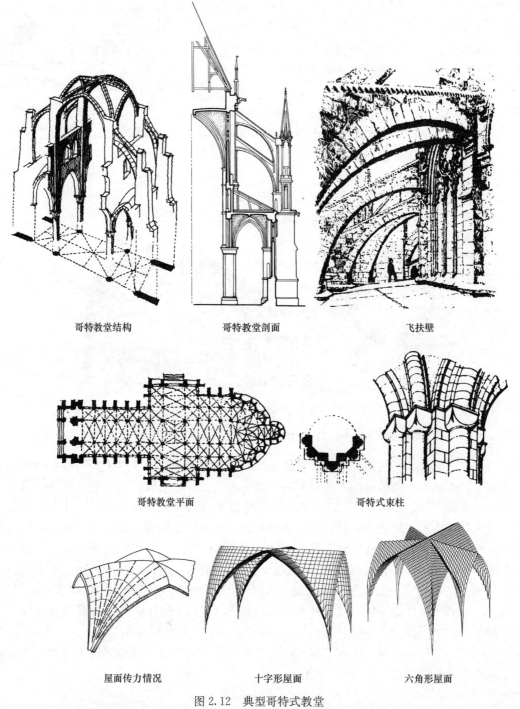

哥特教堂结构　　　　哥特教堂剖面　　　　飞扶壁

哥特教堂平面　　　　哥特式束柱

屋面传力情况　　　　十字形屋面　　　　六角形屋面

图 2.12　典型哥特式教堂

Fig 2.12　Typical Gothic church

　　此后相当长时期内，建筑技术的总体发展比较缓慢，而且也确实缺少促使结构技术产生较大进步的客观条件。在文艺复兴时期最有影响的佛罗伦萨主教堂，吸取了哥特式和古罗马式的经验，宏大而高耸的穹顶确立了其城市中心的地位。它在结构上有过较为成功的考虑①，但尚谈不上根本性的突破（图 2.14）。有些文献对其结构评价甚高②，本书不敢苟同。无论是文艺复兴、巴洛克还是古典主义时期，从结构技术的发展上看，大多是有形无实。特别是当古典建筑形式被当作人文主义的象征、被奉为经典以后，合理的柱式变成了僵化的美学模式。人们不再去考虑美学形式的形成是有着技术本源的，虚假的柱饰反而比比皆是。

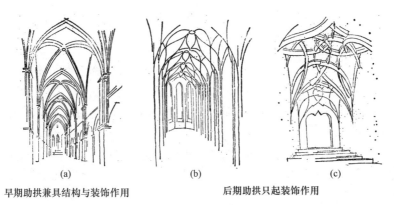

早期助拱兼具结构与装饰作用　　　　后期助拱只起装饰作用

图 2.13　哥特式教堂拱顶的细部

Fig 2.13　Details of vault in Gothic church

图 2.14　佛罗伦萨主教堂及其穹顶结构

Fig 2.14　Florentine cathedral and its vault

2.2.3　中国古建筑

因地制宜、自成一体的风格、建筑与结构一体化，是对中国古典建筑特点的总体概括。由于历史悠久、地域辽阔，从建筑的材料和技术来看，种类繁多，很难简单归类划分，但基本以木构土筑为主，辅以砖石（图 2.15）。而以斗拱的产生与演变为主线的中国木构建筑是中国古典建筑的主要形式。尽管斗拱只是木结构多种连接方式之一，在发展过程中逐渐演变为身份地位的象征，其应用仅限于庙宇、宫殿等正统官式建筑，但以此为对象阐述

①　虞季森，中大跨建筑结构体系及选型，p189～191，中国建筑工业出版社，1990 年，北京

②　陈志华，外国建筑史（十九世纪末叶以前），p98，中国建筑工业出版社，1979 年，北京

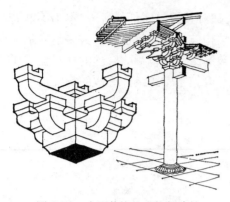

图 2.15　中国传统的木构架建筑
Fig 2.15　Traditional wooden frame
building in China

结构技术与建筑发展，仍不失其代表性。

　　形成期　是指斗拱的形成和发展时期，包括周末、两汉和魏晋。

　　我国传统的木构房屋采用梁柱结构体系。构件之间的连接方式——节点——是结构可靠的保证。从草绳绑扎到卯榫连接，必然要经过从原始到文明的漫长过渡。河南安阳的殷商遗址已发掘出较大规模的木构建筑夯土台基，尽管屋面形式的复原只能靠想象，但若没有成熟可靠的连接技术，是无法建成的。作为梁、柱、屋面连接方式之一的斗拱据推测是由树杈的启发演变而来的，其出现据史料记载可追溯到东周末期，有《尔雅》和《论语》为证[①]，

已有两千余年。最早的图形资料见于周代青铜器饰纹，较多地表现在汉代石阙和明器上，说明汉代斗拱的应用已较为普遍。当时的斗拱与柱子相比，尺度较大。尽管样式繁多，形式尚未统一，但斗拱的结构作用显而易见。它不仅是一般意义上的梁柱节点，而且减小了木梁跨度，是屋檐得以出挑深远的技术保证（图 2.16）。

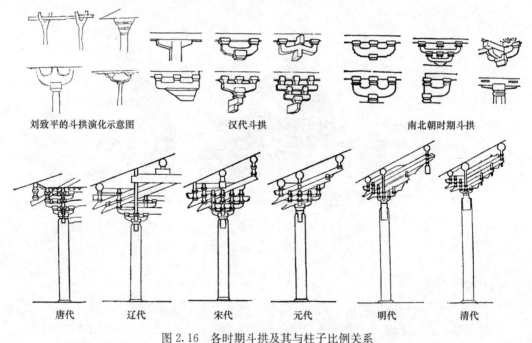

刘致平的斗拱演化示意图　　汉代斗拱　　南北朝时期斗拱

唐代　　辽代　　宋代　　元代　　明代　　清代

图 2.16　各时期斗拱及其与柱子比例关系
Fig 2.16　*Dougong* and the pillar's shape in various dynasty

　　成熟期　包括隋、唐至宋代，木作逐渐走向标准化，并以宋《营造法式》为成熟标志。唐代的柱头铺作雄大，并使用了下昂。宋代斗拱尺度有所减小。在《营造法式》中，

---

①　刘致平，中国建筑类型及结构（新一版），p59，61，中国建筑工业出版社，1987 年，北京

根据建筑规模的大小，以材厚（清代为斗口）为模数，对构件的尺寸进行了规范，尽管是源自经验，目的在于控制工料、配合变法图治，却也较为合理。从本质上看，斗拱大致符合悬臂梁对截面变化的要求，因而是合理的结构形式（图 2.17）。

梁思成先生曾面对唐代那宏大且出挑深远的斗拱而由衷赞叹，历代诗文更是极力渲染，可见木作结构技术已超越了技术本身，成为当时构筑建筑美的重要手段。此时的斗拱算是功能和审美兼而有之。既然成为一种美的标志，在封建等级社会中自然只能由一部分人独享，使斗拱成为社会等级制度的一种诠释。标准化和使用范围的限制必然限制斗拱的合理变化和发展，最终走向衰微在所难免。

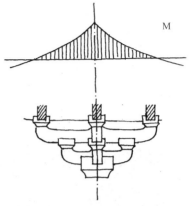

图 2.17　斗拱的力学原理示意
Fig 2.17　Sketch of static principle of *Dougong*

衰落期　以明清建筑斗拱渐小为标志，表明斗拱作为结构的重要构件已渐渐失去了其功能性，清工部《工程做法》等于为其画上了句号。

斗拱发展到后来，其结构功能逐渐削弱，装饰功能大为增强。清代的斗拱被认为"繁琐细碎，丧失生气"[①]。木制家具的演变也与之类似，在明代还是简洁圆润、结构分明，到了清代则变成雕花堆砌的厚重之物。总的来说，我们无意贬低装饰艺术的作用和影响，但从功能技术层面上分析，结构的作用在逐渐削弱却是事实。

斗拱毕竟不能代表木结构节点连接的全部。经历数千年的不断完善、发展和演变，使木构建筑得以营造内部较大空间，但结构连接的基本原则仍未丢弃。从明代长陵的稜恩殿那宽大的柱距，到天坛祈年殿那宏大的藻井，都有赖于此。许多建筑实物历经数代，仍保持完好，也说明了建筑技术的可靠性。

对于中国古建筑来说，结构与建筑的关系中非常重要的一点是结构与建筑装饰的一体化。"彻上露明"的传统做法，把结构外露也作为建筑装饰的主要手段，既反映了中国传统文化中崇尚淳朴自然的一面，也说明祖先善于从合理的结构中发现美的规律。

通过中西对比可看出，经验的积累、成熟的美学观念、建筑与结构技术的完备、装饰性强等，这些是中西古典建筑所具有的共性。然而，一种结构形式一旦成熟便会走向程式化，进而变成美学上的一种规范形式，于是渐渐失去了结构本意上的合理性，削弱甚至丧失了其原有功能性。这似乎是所有结构形式发展的一种必然归宿（详见后述）。造成这一现象的原因在于，一方面，结构的合理性总是相对的。随着认识的深入、技术的提高、材料的更新以及自然和社会条件的变化，结构作为一门技术，自然要有所发展和创新。尽管因过去的生产力水平所限，发展缓慢，但与社会意识形态的变迁相比较，结构技术的进步仍然在先。另一方面，一种结构形式一旦为人们所接受，成为美学意义上的形式，便会融入社会意识之中，而社会意识的进步相对较慢。把形式化的东西加以运用，必然是重形而非重实，僵化与不合理在所难免。唯有不断开拓，加快结构创新的步伐，才能有所改观。

① 刘致平，中国建筑类型及结构（新一版），p124，中国建筑工业出版社，1987 年，北京

2.2.4　近代建筑

近代建筑的形成与发展应归因于西方工业革命。

18 世纪后半叶铸铁工业的兴起，导致了大量铁桥的出现，随即应用于工业建筑，然后是民用建筑。具体来看，在建筑上的运用则首先始自屋面，然后是梁柱结构[①]。不过，此时铸铁作为新的建筑材料，仍是被用在了旧的建筑形式上，如巴黎国家图书馆（图 2.18）。此外，波特兰水泥（人造水泥）的发明为建筑业提供了良好的可塑性胶合材料，炼钢技术的出现使钢材的力学性能大大优于铸铁，这都为钢筋混凝土的产生提供了物质基础，并逐渐在土建领域得到广泛应用。尽管初期对钢筋混凝土的力学机理认识尚不明确，如有的梁和板是将钢筋布置在构件的中间而不是受拉部位，但钢丝水泥花盆和水泥船的产生已为人们构筑大尺度任意形态的面结构提供了技术上的保证。加之材料生产的工业化，完全能够满足建筑发展的需要。

图 2.18　巴黎国家图书馆
Fig 2.18　National library in Paris

技术上的创新必然引起人们思维方式的转变，从而大大拓展了人们的想象空间。钢铁工业的发展，拓宽了建筑设计者的视野，一种通过构件进行合理组合的、近乎全新的结构形态构成思维逐渐形成，使巴黎埃菲尔铁塔和伦敦水晶宫成为现实。尽管从埃菲尔铁塔的构图方式和细部处理仍能看到古典主义建筑的痕迹，但从结构形态的构成来看则是全新的，而在此之前的古典主义建筑行为是形式在先，并决定了建筑形象的一切。

建筑与结构的分工是这一时代的重要特征。建筑业开始分享工业革命所带来的技术成果的同时，自身的分化和分工在所难免。以人造水泥和炼钢技术的发明为标志的建筑材料的革命必然要求人们对于新材料的掌握要提高到一个新的高度。复杂的结构计算与新的施工工艺已不是以往的工匠或艺术家所能胜任的，从而导致了结构从传统的建筑行业中分离出来，建筑师则专司建筑的功能与形式。

传统形式与现代技术的矛盾所造成的徘徊与困惑，也是这一时代的显著特点。新技术的应用尽管很快，但它对建筑形式的影响却较为缓慢。如 19 世纪的美国，由于结构技术的成熟，多层及高层建筑相继出现[②]，但除了层数增多了以外，建筑外在形象并未有根本改变，古典主义的柱式和比例关系仍旧左右着建筑造型（图 2.19）。这与早期的汽车看起来像马车一样，说明了技术对形式美学的影响需要一个过程。

2.2.5　现代建筑

进入 20 世纪后，现代主义建筑逐渐成为现代建筑的主流。建筑不是从传统的建筑形式

①　同济大学，清华大学，南京工学院，天津大学，外国近代建筑史，p16～17，中国建筑工业出版社，1982 年，北京

②　同济大学，清华大学，南京工学院，天津大学，外国近代建筑史，p18～19，p43～45，中国建筑工业出版社，1982 年，北京

和固有类型出发，而是首先着眼于功能需要，并运用现代技术手段，构筑起与以往任何时代均有明显区别的新型建筑。尽管现代主义曾有过过激的言论，但是从总体来看，现代主义建筑绝非对传统建筑的彻底否定，只是与传统建筑相比，它不再拘泥于传统柱式等具体形象，而更注重建筑的功能需要，以现代技术直接反映建筑形式。在形式美学方面，更关注比例、尺度和形态的本质规律而非外在形式。

(a)　　　　　　　　　(b)　　　　　　　　　(c)

图 2.19　美国早期高层建筑

Fig 2.19　Early tall buildings in U. S. A

除了明显标榜的现代主义之外，现代建筑也包含了许多流派，不时地还有思想和理论上的交锋，但不管是现代主义还是非现代主义，这些思潮和流派毕竟不再是传统的了，社会的发展、技术的进步和思想的解放使得现实生活中不可能存在任何绝对意义上的传统建筑。下面，以现代主义建筑为主线，着眼于建筑技术，将现代建筑的发展归纳为三个阶段：

形成期　这是现代主义的初创时期，也是新旧思潮在建筑上的多重反映时期。工业化的大生产导致社会生活中追求贵族化的心态逐渐过渡为满足大众化需求和追求个性的社会思潮，既经济合理又美观耐用是对一切平民化的产品——包括建筑——的客观要求。社会思想的解放是空前的，建筑思潮的多元化也是空前的，新建筑运动逐渐走向高潮。现代主义得以发展壮大并渐渐成为主流，是由于它确实反映了时代的需求和技术的进步。特别是现代主义建筑的几位创始人在早期均把握了现代技术对建筑的重要作用，并以此展开其建筑的设计和理论思考，从而在纷繁复杂的建筑思潮中能够独树一帜，脱颖而出。

发展期　这是现代主义确立了绝对地位并大行其道的时期。在二次世界大战前后，现代主义从理论上基本完善。在创作意图上强调形式与内容的统一，在设计手法上注重现代技术的明确体现。"形式服从功能""建筑是居住的机器""少就是多"等口号便是现代主义在各个方面的概括。现代技术的魅力在建筑师头脑中逐渐形成了一种新的美学观念。技术美学就是新的美学观形成的标志，它是在早期的机器美学观点基础上形成的一套完整的审美思想体系。简洁明快的形式和机械式加工的细部一时间成为人们崇尚的目标。

然而，现代主义的追随者们将其推而广之的同时，反而忘却了任何一种建筑要想发展都离不开创新这一规律，逐渐把它引上了以往各个历史时期建筑走入形式化的老路，存在的问题就如密斯晚年回顾这一时期所指出的，"历史上各代建筑风格虽然统一，但作品仍然多样；现代建筑尽管出现于不同国度不同民族，结果反而千篇一律。"[①] 但形式和内容的统

① 童寯，近百年西方建筑史，前言，南京工学院出版社，1986 年，南京

一，功能与技术的统一，建筑与结构的统一，这些都是这一时期的主流方向，具有积极意义。

反思期 这是对现代主义的重新认识并反映出建筑思想多元化的时期。人们误认为现代主义易于操作，反而疏于创造性的设计。片面强调物质需要而忽视精神需求，片面强调技术上的合理性而忽视了传统文化的延续性，片面强调客观功能的合理性而忽视了主观需求的多样性。这一系列的弊端招致了人们的非议，进而怀疑了现代主义本身，也造成了现代主义大师们言论上的前后不一。而勒·柯布西耶则以自己的设计实践，在行动上保持了现代建筑的不断发展，这也是在反思中的不断进步。

现代主义建筑能得以发展，根本上在于它维系了与现代技术的紧密联系。近几十年里，后现代主义对现代主义的挑战非但没有取胜，反而自身过早地衰落，其原因在于它对文脉进行强调的同时却没有把握时代发展的根本，最终只能流于形式，失去活力；相反，现代主义产生并得以发展的根源——技术进步——仍将是社会发展的最活跃因素。不管现代建筑是否还是原来意义上的现代主义，将建筑自身的发展始终同时代的科学技术发展相协调，就能够保持建筑设计的常新。高技派建筑的出现并不比后现代主义晚，尽管有其失之偏颇之处，但它的优势在于能够不断融合高新技术。时至今日，仍能看到其发展的轨迹，全赖于此。

2.3 结构在建筑发展中的地位和作用

透过建筑随着历史发展的演变，我们可以全面地看待结构与建筑的关系，以此确立结构在建筑发展中的地位。

2.3.1 结构形态的发展经历了两个阶段（从实现手段来看）

经验阶段 在长期的建筑实践中，通过自然选择、淘汰，不断积累经验，逐步完善建筑结构技术，形成适合不同时代、不同地域的各种结构形式。这期间，经过了从原始建筑到哥特式建筑的漫长时期。

传统建筑的结构形态源于实践经验。历史上的土木工程是不计其数的，但能保留至今的是极少数。通过自然选择，能经得起考验的（主要是抵御风、水、火、地震、雷电等自然侵害和其他社会破坏因素）便留存下来，成为后世效法的范例，其结构形式也就走向了成熟。由于对自然的观察和实践经验的积累尚未上升到理论，结构形态的发展极其缓慢。

理论阶段 随着西方科学的产生和发展，人们对力学规律的掌握不断深入，尝试着从结构规律出发，人为选择，寻求合理的结构形式。特别是到了20世纪，我们可以通过试验及分析计算，创造出既新颖又合理的结构形态。这一阶段的成果被反映在近代建筑和现代建筑中。

现代建筑结构的形态思考尽管离不开传统的影响，但成型的基础却在于试验和计算，更在于力学原理的运用和结构理论分析。以空间网架结构为例，这一结构形式并非传统平面结构的简单组合，也无现成自然形态可照搬。从形态构成到分析计算，均可在结构理论指导下完成（图2.20）。现代理论分析可通过理性思维创造出崭新的形象，这是近现代结构的种类发生激增的根源。因为有了结构理论，便有了在纸上进行多次设计、比较的可能（虚拟建造），而且计算与模型试验相结合，使得形态的确定更加可靠。

图 2.20　空间网架结构的形态构成

Fig 2.20　Morphological construction of spatial frame structure

现代建筑结构尽管是以理论分析为主，但作为实用技术，也离不开经验的积累和实践的检验，如结构试验和工程实践等。只是同以往相比，减少了经验化的盲目性和局限性。

对比两个阶段，我们不难看出，单靠自然选择和经验积累来确定结构形态，不仅缓慢，而且种类有限，代价较大（以实际工程作分母）；建立在完整结构理论基础上，并辅以结构试验，代价小（以计算和试验为分母），却使得结构形态既丰富又合理。计算机技术的发展更加速了这一进程。目前，对于技术上较成熟的结构类型，完全可以实现计算机模拟试验，在虚拟的空间内进行模拟建造和反复修改，最终用于工程实践。

2.3.2　结构在建筑发展中的两种作用（从所处地位来看）

主导作用　结构本身即为建筑表现，这通常出现在一种新的建筑结构形式形成和发展阶段。技术的创新伴随着建筑的创新和发展，技术进步促使社会意识形态（包括审美观念）发生变化，结构技术的发展方向决定了建筑的走向，结构在客观上起主导作用。

辅助作用　结构的作用被淡化，成为实现建筑目的的工具，这往往出现在建筑结构形式定型和普遍应用时期。技术的完善将伴随着建筑的成熟和程式化，建筑更多地受社会意识形态的左右。建筑的功能和形态需求则决定了结构技术的走向，结构只能起辅助作用。

通过对建筑结构的演变过程加以分析，可以看出，任何一种结构形式，伴随着形成、发展和成熟，其自身的功能性和合理性会渐渐减弱，而装饰性则渐渐增强。

从西方古典建筑来看，古希腊的柱式，从多立克柱式、爱奥尼克柱式到科林斯柱式，装饰性渐强，却离初期木结构本源那种合理的结构本质渐远，到了古罗马时期又演变为倚柱和壁柱形式，此时在结构上勉强能起增加高厚比的扶壁作用，而承重功能则丧失殆尽（图 2.21）。但不管其结构功能发挥得怎样，古典柱式即使用于现代的一些建筑，在结构形态上也还不至于失去其合理性，而拱券结构却并不尽然，从古罗马的圆拱，到伊斯兰建筑和哥特时期的尖拱及东欧的"洋葱头"，在不同时期和不同地域的演变形式，有的不仅成为单纯的装饰，而且在结构形态上也走向了不合理。如伊斯兰建筑的"钟乳拱"和哥特建筑后期的内部装饰，其悬垂部分呈受拉状态，违背了传统材料（如石材、石灰等）的耐压不耐拉性能，极易破损、断裂[①]（图 2.22）。

---

① 　Alexander Zannos，Form and Structure in Architecture，p37，Van Nostrand Reinhold Company，New York，1987

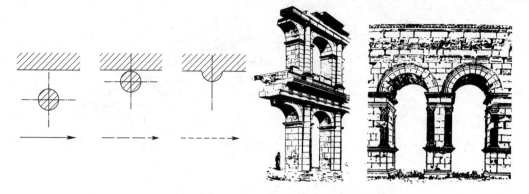

图 2.21　古典柱式的演变使其装饰性渐强而结构作用削弱

Fig 2.21　Evolution of classic pillar：intensive decoration function but
reduced structural function

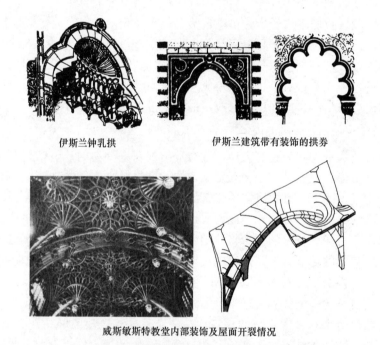

伊斯兰钟乳拱　　　　　　伊斯兰建筑带有装饰的拱券

威斯敏斯特教堂内部装饰及屋面开裂情况

图 2.22　伊斯兰建筑的钟乳拱和哥特建筑后期的内部装饰

Fig 2.22　Vaults of Islamism buildings and inner decoration of post-Gothic building

　　从中国古典木构建筑来看，斗拱由两汉、唐宋到明清，尽管都采用木材，其结构功能却越来越弱，装饰性越来越强。拿清代牌坊的多踩斗拱与早期的汉代斗拱比较，除了形式上有点联系外，已看不出有多少结构功能，更难想象它竟然是由树杈支撑演化而来。

2.3.3　客观地评价发展中的结构与建筑的关系（从二者关系来看）

　　结构是构成建筑的技术基础。尽管结构在多数情况下并未起到建筑发展的主导作用，但从建筑发展的主流来看，建筑的形态仍是结构本质的必然反映。以夯土墙为例，古今中外自下而上均呈内收形式（图 2.23），这是土体稳定形态的必然要求，是先人对土体特性正确认识的结果。在建筑形式上也形成了敦实厚重的审美规范。这种认识源于对现实的观察和实践的总结，虽无理论上的论证，却符合结构规律。

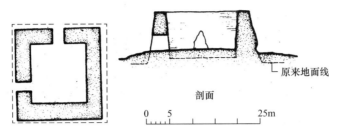

图 2.23　长城夯土墙的形态特征

Fig 2.23　Morphological character of rammed earth wall of the Great Wall in China

从 19 世纪开始，结构理论和技术的成熟为新建筑的产生开辟了广阔前景，结构与建筑开始分工明确，但关系却十分密切。到了 20 世纪，现代建筑蓬勃发展以后，结构与建筑却渐行渐远，实现二者的统一则成为人们的一种追求。至于如何来区分新老建筑，固然可以从不同角度出发，有着不同方法，本书认为，建筑与结构的专业分工是新老建筑的分水岭。传统建筑发展到后来，学院式的教学、经典化的范式，使人只能在形式美学中兜圈子。结构的功能被淡化，结构的形态只是既有模式的套用，结构的技术只能是服务手段。而对于近现代建筑而言，结构的理论性研究，使结构摆脱具体建筑需求的束缚，随着新材料和新技术的不断涌现，结构形态也在推陈出新，反过来为建筑提供更多可供选择的新形式，成为吸引建筑与之相结合的法宝。

总的来说，传统建筑从本质上看，在许多方面是能够反映出建筑与结构的和谐统一关系的。传统的建筑文化值得我们去借鉴和发扬，但这种文化不应仅反映在建筑的外在形式上，同时也应反映在建筑的内在规律上。如果能从传统的建筑技术中提取结构的本质属性，进而在现代建筑的设计中有所应用，相信这种设计方法更能全面体现传统文化的精髓，更具有说服力。这是一个值得我们深入思考的课题。

2.4　影响结构创新的主要因素

结构作为一种技术，其创新受到许多因素的影响，如理论突破、材料发展、社会需求、个人兴趣等。在这诸多因素中，结构的创新主要来自两方面的影响，一是物质基础，二是客观需求。而研究者、设计者个人的兴趣虽很必要，但并不是主要动因。

2.4.1　结构创新的客观需求

结构创新的客观需求来自社会需要，来自各行各业的需要，也包括建筑的需要。没有这种客观需求，结构的创新也就失去了持续发展的动力。

建筑形式的要求、建筑功能的需要、建筑安全的保障，这些客观需求无时无刻不在向既有的结构技术提出新的挑战，促使结构理论不断完善，同时也促使结构不断去发现新材料、创造新技术、构筑新形态，以适应建筑的需求。从整个社会范围来看，政治、经济、军事、科学技术等社会需求都是结构创新的动力所在。

同样，新型结构在满足各种客观需求的同时，反过来又促进建筑及其他领域在新起点上的进一步提高，二者相辅相成。现代大跨度建筑和超高层建筑正是伴随着结构的不断创新而发展起来的。

2.4.2　结构创新的物质基础

我们不妨把技术与形式关系的发展规律归结为三部曲：新生的技术用于旧形式→发展中的技术创造适合自身的新形式→成熟的技术必然僵化成为新的固定形式。即新技术能直接产生新形式，而新形式却无法直接产生新技术。那么，新技术从何而来呢？答案是：材料。这便是结构技术创新的物质基础。

从土木建筑领域来看，新型结构的产生，从根本上讲，有赖于新材料的产生。这是新结构产生的一个重要的物质条件。时至今日，结构技术的种类主要还是按材料来划分，这就是明证。

另一方面，结构技术的完善和进步，对材料的应用和发展也有着促进作用，它使一部分不能适应现实要求的材料逐渐被淘汰，使那些高质量、低能耗、重环保、有效益的新型材料更加完善，从而促使材料科学沿着正确的方向不断发展。

2.4.3　正确看待结构创新与建筑创新的关系

结构创新所包含的内容是多方面的，如结构理论、结构材料、结构技术和结构形态等。它们都是结构创新所必备的环节。其中与建筑创新需求联系最密切的应该是结构形态的创新，而结构形态的创新恰恰是其中最为薄弱的。

建筑创新所涵盖的内容更加广泛，不仅包括建筑形象、建筑功能、建筑环境、建筑技术等，还涉及设计手法、文化内涵、社会行为、审美心理等。建筑的形态对人们有着最为直观的影响，建筑形态的创新会受到来自社会生活各个方面的影响。这中间，结构形态的创新是建筑形态创新的一个重要源泉。

建筑师的建筑创作是建筑创新的一种具体的实践过程，应该在反映社会需求的基础上不断求新、求变。从建筑设计的实践环节来看，建筑师的构思是整个设计的灵魂，起统领全局的作用。构思的实现，又有赖于结构等相关专业的技术配合。建筑不断提出新的要求，这对结构来说也是一种触动，促使其在解决问题的过程中，使结构理论更加完善、结构材料更加适用、结构技术更加成熟，实现结构的创新。

我们说结构的创新离不开客观需求，是因为社会需要——包括建筑对结构的要求——是结构创新的动力，也是结构创新的方向和价值所在；我们说结构的创新离不开物质基础，是因为新的物质手段——特别是新材料——是结构创新的条件，这一物质条件的更新对结构创新的影响通常是更为深远。不可否认，结构技术的日益发展同建筑的功能与形象的日渐丰富是相随相伴的，但现实情况是，结构技术的产生往往在先，只有其达到一定的可靠性以后，才会被人们——尤其是建筑师——发现并真正用于建筑。历史上，砖瓦结构技术源于制陶，而陶艺在原始时期多用于日常生活用品而不是建筑；钢结构技术源于钢铁，而钢铁最初主要并不是为建筑服务；混凝土结构源于水泥的发明，而人造水泥最初也并未用于建筑结构；膜结构源于现代膜材料的产生，而膜材料并未首先用于建筑……。结构技术可能因某个具体的建筑项目而有所提高，但从创新的角度来看，为建筑而结构在现实生活中很难做到，也可以说是不存在的。坦率地说，建筑的需要虽能促使结构不断完善，但无法使结构从根本上创新。结构的创新要面向更广阔的科学与技术领域。结构理论的突破、计算工具的完善、施工技术的成熟等诸多条件，都是结构得以创新的保证。

建筑形式的创新不能只囿于既有元素与符号的组合，而应是建立在新的需求和新的条件之上的新思考，其中新结构便是拓展建筑师想象力的客观因素之一。因此，结构形式的创新只能寄希望于新材料、新技术以及新材料和新技术所带来的新思维。

最后，有必要指出，建筑的创新可以源于结构，但结构的创新决不能依靠建筑（注：这里用"决"而不是"绝"）。结构形态的研究较建筑形态更为基本。

2.5　小结

通过对建筑与结构关系的历史和现实的回顾与分析，本章得出以下五点结论：

（1）**本质论**　建筑曾被表述为文化现象、历史现象、美学现象等，但透过这些表象，映射出的是其功能性的本质。这种具体的功能性也必然是由一定的技术条件所决定的。建筑发展的历史表明，无论哪个时期的建筑，实质上都是一种物质形态，是一种物化了的技术形态，具有功能性的本质。它可以作为文化、历史和美的载体，反映社会意识形态的一些特征，但并不属于意识形态范畴。

（2）**决定论**　尽管建筑从现象上看是丰富多彩的，但从历史发展的大尺度来看，建筑的发展和进步并不取决于某个时期、某个地域人们的好恶，而是有着客观必然性。除了自然和社会因素外，技术条件特别是结构技术水平是决定建筑走向的关键因素。建筑发展的历史上，建筑的每次飞跃，其根源都离不开结构技术的创新，尽管这些飞跃在表现形式上并不一定直接体现在技术表现上。

（3）**转化论**　建筑结构的演变过程表明，任何一种结构形式，伴随着形成、发展和成熟，其自身的功能性和合理性会渐渐减弱，而装饰性则渐渐增强，这是结构演变的必然结果。但是，如果认为这种演变结果只是消极的，那是非常片面的。新技术造就了新建筑，新建筑逐渐被人们接受的过程也就是新的审美观的形成过程。一种技术虽不再是新的了，却构成了社会文化的一部分。这是建筑实现从技术形态到文化形态转化的典型过程。反过来，我们从任何一种建筑形象中都能找到技术上的渊源。美的形象必然含有合理的技术内容，而且结构对形式美的贡献是无所不在的。

（4）**阶段论**　从结构技术自身的发展来看，长期以来，不论在西方还是在东方，始终呈经验型，而且发展缓慢。只是随着西方近现代科学的产生和发展，使其在力学普遍规律的指导下，逐步兼具理论型，并获得了迅猛发展，步入了新的阶段。过去被掩盖在建筑表象背后的技术终于走到了前台，结构技术得以介入形态设计领域，成为展示建筑形象的一个主角。结构形态的创新也成为促进建筑发展的一个重要因素。

（5）**统一论**　结构与建筑的一体化自古有之，难舍难分，二者的统一无须谈起。尽管彼此有所区别，但这种区别从来没有像今天这样明确，皆因近现代科学技术的进步使然。建筑与结构的专业分工是新老建筑的分水岭，促进了各自的发展，但也造成了彼此生疏、貌合神离，有时甚至不相容。因此，形式和内容的统一成为现代建筑追求的一个重要目标。要实现结构与建筑的和谐统一，关键在于结构形态的正确反映和不断创新，实现在新的技术条件下，逻辑思维方式与形象思维方式的有机结合。

建筑创作中建筑与结构的关系

建筑与结构的和谐统一具有历史的依据和现实的需求，其最高境界应该是结构形态与建筑形态的统一。结构形态是实现建筑与结构统一的最根本的结合点，也是建筑达到至真、至善和至美的一个重要途径。

Chapter 3

Relationship between architecture and structure in architectural creation

历史与现实均向我们展示了艺术与技术的完美结合对于建筑发展的重要性。建筑与结构的分工虽然促进了建筑的发展，但也使建筑与结构的矛盾由以往的隐性转变为显性，由建筑自身的不和谐引申为合作者之间的不和谐，这反过来也会扩大建筑自身的不和谐。因此，有必要深入探讨建筑设计中建筑与结构的关系问题。鉴于大型公共建筑在空间要求与形态设计方面的独特性，我们首先分析一下其设计特点。

3.1 现代大空间公共建筑的设计特点

对于大型公共建筑，特别是大空间公共建筑，其设计与一般建筑设计相比，具有显著特点。这里所指的大型公共建筑不仅是尺度规模上的大型化，也包括功能上的多种多样。如以体育场馆为主的满足比赛、观看、训练和群众体育活动的体育建筑，目前也有向娱乐、休闲等多功能方向发展的趋势。现代大型公共建筑的设计特点可归纳为以下几方面：

（1）造型要求更独特

大型公共建筑应该追求独特的外在形象，对此人们已有广泛的认同。对于体育建筑，这与运动本身所表现出的形体美似乎有着某种联系；对于文化娱乐设施，则与当代文化生活的多元化所要求的丰富多彩有关。表象与内涵必然存在着某种联系。形象构思可以源于几何形态构成，源于自然形态，也可源于社会和技术形态。

（2）功能要求更复杂

大型公共建筑的多功能要求，皆因业主考虑日后的经营效益使然。这样，对空间的需求或是尺度较大、或是功能分区复杂，对视觉、声学、疏散和内外环境等必然提出更多要求。尽管对建筑师的要求是一次性设计，却要以不变应万变，必须以前瞻性的眼光去构思每一处细部。

（3）技术依赖更强烈

无论是空间要求、造型要求，还是功能要求，上述情况无一不对技术，特别是对结构技术提出了更高要求，而且对参与设计的各专业之间要求配合密切。对于以大空间为主体的大型体育建筑以及剧场、会议厅和展览中心，大跨度结构技术更有了用武之地。但由于功能要求的独特性，对结构在形态上的表现也有一定限制，而且功能越多，造型方面的限制也越大。

3.2 建筑与结构设计的特点与矛盾

追求建筑形态的美是每个建筑师从事建筑创作的重要目的之一，而力求结构设计的合理又是每个结构工程师的一项重要责任。建筑与结构因其内容与出发点不同，便决定了各自不同的设计原则和特点。

3.2.1 建筑的形态构成特点

从功能分析出发是建筑设计最一般的思路。依现代设计观念，建筑的功能从广义来讲，已不仅是使用等方面的物质要求，还包括人的精神需求，使人们生理上和心理上的需求达到和谐，做到物质与精神的统一。如体育馆、大型娱乐场所和影剧院等，其内部空间的形态和尺度不仅要满足各种活动的要求和声音与视线质量，还要顾及活动者与观众的心理感受，既不能拥塞繁杂，又不能空旷无物；其外部形态既是内部空间的外在反映，又要与周围环境取得和谐，且应避免因庞然大物造成与人的情感疏远。在满足功能要求基础上，设计者依据一定的美学原则，通过积聚、切割、变形等手法，构造美好的内部空间和外部形象等，这一系列工作便构成了建筑创作的基本过程。建筑师以其艺术文化修养的高下、对生活和现实理解的深浅、对历史和传统了解的多寡以及工程经验和掌握先进技术的程度等设计出或精彩或平庸或粗陋的建筑作品，而人们对建筑作品的评价也受上述诸多因素的影响而多有不同。

3.2.2　结构设计的基本原则

结构设计的根本目的是为建筑成品的实现而服务，即为建筑的美与使用功能提供现实性的保证。结构自身的美则蕴含在建筑形象之中。结构工程师依据一定的技术和经济条件，首先要对建筑的可行性作出判断，进而通过分析计算向建筑师提出新的条件或修改意见，经过一定的反复，才能确定建筑的基本形式和结构方案。就空间结构自身来说，最重要的是保证承重与稳定两大体系的可靠性，具体体现在日常荷载作用下的平衡稳定以及抵御地震、风荷载作用的结构动力性能，这是安全可靠性的一个重要方面；结构形式与材料性能要统一，因为不同材料需要有与其相适应的结构选型，这是经济性与合理性的一个重要方面。结构设计应该在安全可靠与经济合理之间求得最佳平衡。

3.2.3　建筑与结构的矛盾

作为土木建筑的一大进步，百余年来，建筑与结构的分工明确，曾使两大专业各显神通，都有了长足的发展。但是，其间也不断产生一些前所未有的矛盾，每每失去了传统建筑中建筑与结构的和谐之美，在大型公共建筑中显得尤为突出。其原因往往在于建筑与结构之间的有机联系经常被隔断，这在建筑设计过程的每个环节上以及最终成果上都有所反映。如何合理利用并克服其间的矛盾应是建筑师与结构工程师共同考虑的问题，一味迁就或各行其是，都不可能产生好的作品。

3.3　结构形态与建筑的统一

建筑与结构的统一，意在构筑一个和谐自然的建筑实体。评价建筑是否完美有着多方面的标准，建筑与结构的关系是否协调便是其中的一个重要方面。

实现建筑与结构的统一，首先应找到二者的结合点。从具体的建筑形式来看，大跨度、超高层等大型公共建筑，对空间的尺度和形态有较高要求，对结构技术的依赖更强，结构形态的确定往往对建筑空间的最终效果有着更为直接的影响。以大型公共建筑的设计为切入点来探讨建筑与结构的统一，无疑是最为可行的方法。但是，这还不够。我们还要揭示建筑与结构关系的本质的、普遍的规律，这就不能仅停留在具体建筑类型这些表面性的问题上，而是要找到二者在基本原理和内在规律层次上的结合点，这才算是从本质上反映结构与建筑的关系。结构形态正是实现建筑与结构统一的最根本的结合点。

下面即以结构形态为结合点，以大型公共建筑的设计构思为切入点，并兼顾其他相关的建筑类型，来分析结构与建筑在各种条件下的和谐统一关系。

3.3.1　结构形态与建筑功能取向的统一

任何建筑在最初设计建造时，都要认定某种功能取向。这种功能取向，或是接触、或是观看，无疑都是以人为中心。

（1）结构形态与实用功能的统一

这里的实用指能够满足人们直接触及的功能范围。它涉及人们的坐立空间、活动区域、设备的安置等。从人的活动对空间的要求来看，可以从空间的尺度与形态两方面来分析。

高大宽阔的空间适于公众聚会、集散和室内竞技、表演等活动；低矮狭小的空间适于个人居住和活动。空间尺度在实用方面的要求在心理方面同样会产生影响。如高大宽敞的北京紫禁城宫殿，其宏伟气势是为了达到对人心理上的震慑目的，并不适合居住。就连皇帝自身也无心理上的舒适感，难怪要另辟郊外园林、行宫。对于具有大空间的公共建筑，如剧场、体育馆等，其功能要求是多方面的，对其中尺度较小的辅助空间的设计同样要有所关注。即使在同样一个大空间中，近人的区域不妨适当降低高度，以利于人们的心理舒适感；远人的区域则可予以抬高，便于以较大视角观望。包厢的设置无疑是基于这层考虑。

结构形态应该适应建筑对内部空间的需求。如图3.1所示的屋架，按传统的桁架结构形式图（a），结构本身固然是最优的，但结构占用了较多空间，使建筑内部的实用空间相对较小；若按图（b）所示的屋架设计，内部空间虽然增加了，但结构受力并不理想，构件的一部分是以受弯为主，已不是单纯的桁架结构；若采用图（c）所示屋架形式，杆件内力虽有增加，但仍维持了单向拉压状态，且建筑的内部空间也能有所增大。可以说，这里的结构与建筑都进行了优化的设计。

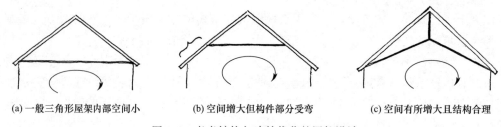

(a) 一般三角形屋架内部空间小　　　(b) 空间增大但构件部分受弯　　　(c) 空间有所增大且结构合理

图3.1　考虑结构与建筑优化的屋架设计

Fig 3.1　Roof truss design considering the optimization of structure and architecture

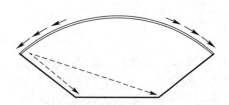

图3.2　建筑的空间形式与结构形态的协调一致：观演建筑内部的空间形式

Fig 3.2　Accordance between architectural space form and structural morphology：inner form of an audience hall

上述的简单实例说明，为了赢得合理的建筑空间，结构形态设计具有很大的潜力。在体育馆的屋面形态设计中，多取中间高、四周低的形式（图3.2）。这不仅是出于使用功能方面的考虑，与周围环坐的观众的心理需求也是一致的。同时，在结构形态上，这也最易于实现。因为出于受力的合理性，通常的拱形结构、穹顶结构及网壳结构都是中间高四周低的形式，而且周边的支撑结构如无额外的功能要求，也不宜做得过高。这样，主体结构和支撑结构的关系就与主要建筑空间和辅助建筑空间的关系取得了协调一致。

又如西方传统的教堂、神庙，其建筑的内部空间有主次之分，而在结构的传力要求上也有主辅之需。无论是古罗马的万神庙，还是哥特时期的教堂（图3.3），既需要主体空间的高大，以便于人们的聚集，又需要附属空间的宜人尺度，便于个别交流。从结构形态来看，大跨度的、完整的拱顶结构也需要通过周边构件密集的辅助结构，将巨大的推力分散传递给基础。这样，结构的合理与建筑的需求在同一建筑上便得到了完美体现①。

图 3.3　古罗马的万神庙与哥特式教堂的主辅空间

Fig 3.3　Central-side space of ancient Roman Pantheon and Gothic church

　　然而，在进行建筑设计时，建筑师在建筑的外部造型与内部功能空间要求之间经常不能实现和谐一致，往往由结构来充当其中的"填充物"，使结构作用难以合理发挥。如巴黎音乐中心的设计（建筑设计：Christian de Portzampac Architecte）②·③，就存在这种问题（图 3.4）。尽管总体来看，该设计是成功的。与此类似的还有上海大剧院（图 5.13）。此外，公众比较熟悉的悉尼歌剧院（图 3.5），尽管以其富有雕塑感的外形分外诱人，内部却要靠大量吊顶与隔断重新塑造空间，内外空间形态相去甚远，而且结构处理与建筑造型缺乏有机联系，不无遗憾。有鉴于此，我们更应重视发挥结构在实现功能空间合理形态方面的积极作用。

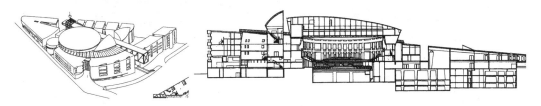

图 3.4　巴黎音乐中心及其剖面

Fig 3.4　Music Center of Paris and its section

图 3.5　悉尼歌剧院外形及剖面

Fig 3.5　Outer form of Sydney Opera and its section

（2）结构形态与视觉功能的统一

　　视觉功能要求可以分为两个方面，一是为满足直接观看的视觉质量提供足够的视角、

①　姚亚雄，梅季魁，空间结构形态与建筑的统一，空间结构，p3～10，1998 年第 3 期

②　Des Grands Projets au tout terrain，Techniques & Architecture，p12～14，1994（s）

③　Jean-Pierre Le Dantec，Parcours musical，Techniques & Architecture（418），p14～23，1995（4）

视距、光线等条件，二是结构本身为附带观看的建筑形式提供较好的视觉形象。结构形态与这两个方面都有直接关系。

前述结构形态与实用功能的统一中，已涉及人们的视觉心理要求。这里则进一步说明建筑在满足视觉功能要求方面同样需要结构形态的参与。提供良好的视觉环境，固然离不开大跨度结构，但是结构的内部构造对视觉的要求也有利与弊的影响。对于设置了天窗或具有大面积玻璃的屋顶，网架构件的疏密就直接关系到自然采光的效果；对于结构外露的屋面结构，杆件的排列形式则直接关系到其能否带来或带来什么样的装饰美感；在屋面结构的选型上，是否能够兼顾建筑的内部视觉效果。这些问题都有赖于结构形态设计作通盘考虑。

大型公共建筑中，结构形态的确定必须充分考虑使用空间的物理要求，特别是视线要求。为了实现这一目的，结构应该在整体形态和细部处理上都做些积极的变化。如著名的北欧建筑师阿尔托（Alvar Aalto）在 20 世纪 50 年代设计的赫尔辛基理工大学建筑系教学楼的扇形阶梯大讲演厅（Teknillisen Korkeakoulun päärakennus）[1]（图 3.6），将钢筋混凝土框架作了大幅度的形态变化，以适应内部空间使用要求。天窗采光配以恰当的反射面，在突出结构表现的同时，也不忘建筑细部的处理。与这一时期泛滥流行的"国际式"相比，

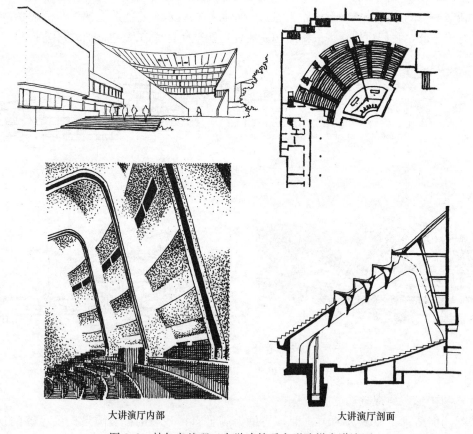

大讲演厅内部　　　　　　　　　　　　　　大讲演厅剖面

图 3.6　赫尔辛基理工大学建筑系扇形阶梯大讲演厅

Fig 3.6　Lecture hall of architectural department in Korkeakoulun Technical University，Otaniemi

---

① オタニエミ工科大学本館，建筑文化，p123，1998（9）

该设计的确别开生面。他在同一时期设计的文化之家剧场（Kulttuuritalo）①，对多处混凝土柱截面都作了既合情又合理的变化，如将位于观众厅后部的、结构上无法避免的柱子做成上粗下细的扁柱，并作了有机化处理，既避免了视线遮挡，又富有人情味。疏散楼梯附近的转角柱也做成了圆角，显示出对人的关怀（图 3.7）。阿尔托的作品在建筑形式上的上佳表现并未削弱他对结构形态的正确理解，在数十年后仍被有识之士所称道，可见他的确是一位技术全面的建筑设计大师。

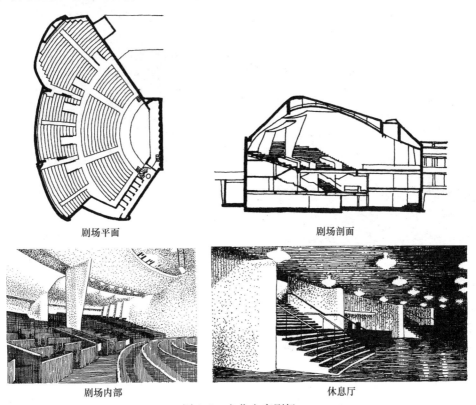

剧场平面　　　　　　　　　　　　　　剧场剖面

剧场内部　　　　　　　　　　　　　　休息厅

图 3.7　文化之家剧场

Fig 3.7　Theater of the Cultural Center

　　在追求结构布置与视觉美感的协调一致方面，著名的意大利建筑工程师奈尔维（Pier Luigi Nervi）对混凝土结构的驾轻就熟是人所共知的。他从力学中形象化描述力的传递时所使用的"力线"中发现了形式美的规律，进而运用在他的作品中。如罗马迦蒂羊毛厂（Gatti Factory in Rome）厂房和都灵劳动宫（Palazzo del Lavoro in Turin）的夹层（图 3.8），其混凝土板肋的布置极富装饰性。对于这种表现手法，奈尔维曾说："混凝土可塑性质的自由度，也即建筑上的自由度，是如此的完整，以致肋的设计完全取决于结构需要，同时又得到相当的艺术效果。"② 在与建筑师维特罗齐（Annibale Vitellozzi）合作设计的罗马小体育宫中，奈尔维将内部结构网格的分布赋予节奏和韵律，追求艺术与

---

　　① クルトゥーリ・タロ（文化の家），建築文化，p117，1998（9）

　　② P·L·奈尔维著，黄运升译，周卜颐校，建筑的艺术与技术，p20，中国建筑工业出版社，1981 年，北京

技术的有机接合，为人们提供了良好的视觉形象（图3.9）。不过，这种技术上的艺术表现之所以能够实现，也是与高质量的专业施工队伍分不开的。

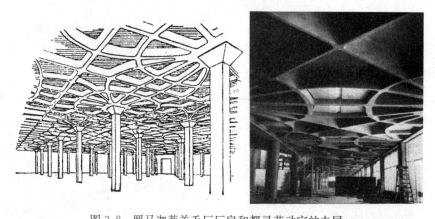

图 3.8　罗马迦蒂羊毛厂厂房和都灵劳动宫的夹层

Fig 3.8　Gatti Woolen Factory in Rome and Mezzanine of Labor Palace in Turin

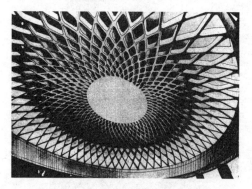

图 3.9　罗马小体育宫内部

Fig 3.9　Inner of Rome Gymnasium

在大跨度屋面结构构件的构造处理上，若进行某些形态调整，可以为内部视觉空间的拓展提供帮助。例如为迎接1992年巴塞罗那奥运会而建的巴达洛纳体育馆（Sports Arena of Badalona，建筑设计：Esteve Bonell & Francesc Rius）[1]，屋面采用跨度不等的变截面箱形钢梁。设计者在箱梁的设计上别出心裁，将梁底的中间部分挖成弧形，代之以跨中支杆和拉索，形成"张弦梁"，从而把视觉空间扩展至结构内部，避免了巨型钢梁带来的沉闷感。这种合理的结构变化实现了结构功能与形象功能的结合，既改善了结构形象，又扩大了内部视觉空间。该设计的另一独特之处在于将结构功能与使用功能巧妙地结合，各钢梁之间以直径为2m的钢管作为纵向连系梁，且该管道同时也兼作马道，供行走检修之用[2]。钢梁之间铺斜置屋面，形成锯齿形天窗，沿梁顶设置天沟。天窗以及比赛大厅屋面及走廊休息厅屋面的檩条亦采用了跨中支杆加拉索的"张弦梁"形式，使次要构件在结构形态上保持了与主体结构的呼应（图3.10）。

3.3.2　结构形态与建筑造型立意的统一

建筑造型是建筑设计的重要内容。在构思造型时，多强调立意的新颖和独特。造型如何，完全取决于建筑师个人对建筑的理解，当然也与设计当时的外界或自身的一些偶然因素有关。但其作品精彩也好、拙劣也好，无疑都要借助结构来实现。建筑的形象是与结构骨架毫不相干的虚假装饰，还是结构形态逻辑关系的真实反映，是检验建筑师成熟与否的试金石。

① Esteve Bonell e Francesc Rius, Due architetture in Catalogna, Casabella (585)，p4~17，1991（12）
② Basketball Arena, Badalona, The Architectural Review, p54，1992（8）

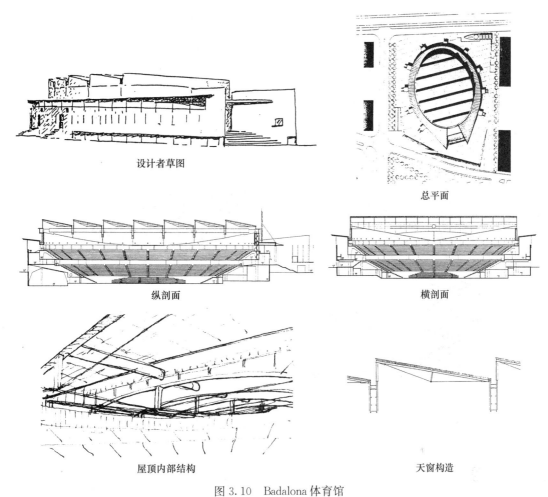

设计者草图

总平面

纵剖面

横剖面

屋顶内部结构

天窗构造

图 3.10　Badalona 体育馆

Fig 3.10　Sports Arena in Badalona

　　西方古典建筑中，教堂的造型与结构形式就有着非常密切的关系。如果平面形式采用十字式，跨度不大的筒形拱或十字拱结构即可满足要求，而立面效果则需配以高大的尖塔才能显示其壮观气势；但若采用集中式平面，较大的空间尺度必须要求结构采用大跨度的穹顶来实现，而宏大的穹顶本身即可作为立面的表现重点，为城市天际线增色（图 3.11）。

图 3.11　教堂以其宏伟的形象成为城市中的视觉中心

Fig 3.11　The great figure of cathedral as the visual center in city

　　美国建筑师小沙里宁（Eero Saarinen）的设计作品，在建筑表现与结构形态的结合方面堪称典范。位于圣路易斯的杰佛逊纪念拱门（Jefferson Memorial Arch in St. Louse，1948 年竞赛获选，1967 年建成）①，结构整体呈倒置悬链线（Catenary Curve）形，为钢筋混凝土结构，高 200m，截面呈三角形，底部边长 19m，顶部收束为 6m（图 3.12）。这种形式的拱，在均匀分布的自重荷载作用下，内部只存在压力，而无弯矩和剪力，设计者以此来最大限度地表明结构形式与内力状态的协调一致性，以简练舒缓的形态给人以心理上的抚慰。该建筑在形式上纯属力的表现，然而"在思想内涵上则隐喻了自然与文化、过去与未来的沟通"，不锈钢的表面在阳光的照耀下闪闪发光，拱的两端在密西西比河的映衬下在高空汇合，其中的意义实在是难以言表。

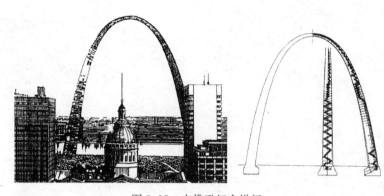

图 3.12　　杰佛逊纪念拱门

Fig 3.12　Jefferson Memorial Arch

　　小沙里宁的创作高峰正处在把混凝土作为建筑表现手段的鼎盛时期——20 世纪五六十年代。纽约肯尼迪国际机场的环球航空公司航站楼（TWA Terminal）②，整体采用了现浇混凝土结构，内外形态有机变化，四根 Y 形柱支撑的壳体屋面宛如展翅的飞鸟。施工工艺虽复杂，却换来了建筑造型的强烈雕塑感，而且结构的空间关系清楚，不失合理性（图 3.13）。虽然曾有人认为该建筑过于具象，但如果能了解建筑方案的推敲过程，洞察建筑内在的和谐关系，而不只是单纯从形象上去品评，相信会作出客观的评价（该方案的设计构思过程详见第 4 章）。在华盛顿杜勒斯国际机场（Dulles Airport）候机楼③的设计中，以两侧向外倾斜的混凝土柱支撑单曲悬索屋面。外伸的混凝土柱与内收的悬索在承力趋势上达到了平衡，从而尽可能发挥了混凝土柱的抗压性能，有效地减小了其中的剪力和底部弯矩。为了交代柱子与屋面之间的悬挂关系，采用了将屋盖开洞、使柱顶从中穿过的处理方法。该建筑设计从整体构思到细部处理都别具匠心（图 3.14）。

　　建筑的美感必须建立在结构关系合理的基础之上，否则建筑形态也不会完美。空间越大、越复杂，承重体系与稳定体系就越应清晰明确，这样，对于结构来说，就具有了简捷合理的结构平衡体系；对于建筑来说，空间形态的构成关系也比较自然，使人一目了然，

　　①　Michael McCoy，Examines Three Works as Signs of Their Times，Progressive Architecture，1991（4）

　　②　Thomas Fisher，Landmarks：TWA Terminal，Progressive Architecture，p95～109，1992（5）

　　③　童寯，近百年西方建筑史，p63，南京工学院出版社，1986 年，南京

增强了和谐美感。

图 3.13　环球航空公司（TWA）航站楼及其 Y 形柱
Fig 3.13　Terminal of TWA and its Y-shape column

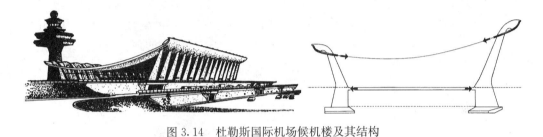

图 3.14　杜勒斯国际机场候机楼及其结构
Fig 3.14　Terminal of Dulles International Airport and its structure

　　大型建筑的设计若刻意追求某些非自然的奇异形态或为达到某种形式而先入为主，往往会陷入单纯追求形式美的误区，从而给结构在处理平衡问题时造成困难。例如，长野奥林匹克纪念体育馆（图 3.15），是为举办 1998 年冬季奥运会而建（建筑设计：久米设计 & HOK）。其方案设计考虑到了长野的山地地形曾有日本的阿尔卑斯之说，建筑的独特外貌使人不由得联想起富士山。但上部内收的形式导致了结构受力状态的恶化，给支撑结构的稳定带来了很大麻烦。尽管胶木结构屋面的采用既保持了传统风格又减轻了自重，但仍未避免混凝土支撑悬臂，特别是基础的厚重[①]。结构形态与三十多年前小沙里宁设计的杜勒斯航空港相对比，可算是反其道而行之。此中的得与失很难评说，从而引出了一个值得思考的问题，即结构是否只是为了迎合建筑的造型而存在。

图 3.15　长野奥林匹克纪念体育馆及其剖面图
Fig 3.15　Nagano Olympic Memorial Arena and its section

3.3.3　结构形态与建筑环境意向的统一
　　现今的建筑设计越发注重环境意向，并借可持续发展的东风保持着旺盛的势头。多年

---

①　长野市オリンピシク纪念アリーナ，新建築，p200～208，1997（1）

来，人们在抱怨现代技术在工业化过程中恶化了生存环境（包括视觉环境）的同时，逐渐趋于理性地认识到，解决问题还要靠技术发展本身。

（1）以支配环境为目的的结构形态

巨大而完整的形体可以支配环境，进而成为周围环境的主宰，对人的心理自然会产生无形的压力。我国古代即有"非壮丽无以重威"之说①。形态的构成，除了与周围环境相比要有巨大的体量尺度和突出的高度外，自身形态的完整也非常重要。因此，在结构形态的表达上也必然要求具有向心力，例如具有升腾向上的动势。很难想象，一个分散而琐碎的结构形象如何能产生雄伟庄严的视觉效果。古埃及金字塔（实体）就是运用巨大而完整的形态来实现目的的典范。在欧洲，教堂所构筑的巨大的穹顶（壳体）或尖顶被看作是城市的中心，便得益于其外在形态所具有的以我为中心的向心力。在中国，北京天坛祈年殿（木构架）的攒尖顶为三层重檐，层层收束，向上的动感得到不断的强化，加之下部由三层台阶托起，在周边广袤的树林的映衬下，建筑的中心地位得到了加强。建筑与结构相结合，其形态表达出于自然，也达到了强调自身地位的目的（图3.16）。

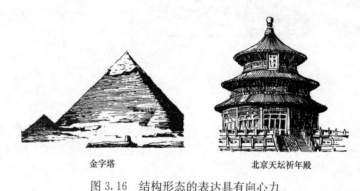

金字塔   北京天坛祈年殿

图 3.16　结构形态的表达具有向心力

Fig 3.16　Expression of structural morphology with centripetal force

（2）以融于环境为目的的结构形态

这里有两种方法，一是将巨大的形体部分或全部掩藏于地面以下，以减小对视觉环境的影响；二是与地形地势取得协调，尽量减小对自然环境的改变。

下沉式做法是处理巨大体量的有效方法②。更有甚者，有的半地下空间结构几乎全部掩藏于地面以下，使得路人几乎看不出建筑的存在。例如柏林奥林匹克自行车馆及游泳馆（建筑设计：Perault ＆ Partner，即APP)③，是为了争办2000年奥运会而建，位于市区公园中，建筑平面分别为圆形和矩形，带有三层附属用房的比赛大厅整体下沉17m，高出地面仅1m。其中，赛车馆的圆形平面屋顶结构直径为142m，为48榀高4m的平面钢桁架呈放射状汇聚于中心环梁，净跨115m，屋面结构重3500t，由16根混凝土柱周边支撑。结构形式简单平实、毫不夸张，却由于加工的精良而展示了工业技术所带来的美感，并能很好地服务于建筑的要求。建筑外表饰以金属网，大面积的平坦屋面富有金属光泽，掩映在

① 汪正章，建筑美学，p31，人民出版社，1991年，北京
② 梅季魁，现代体育馆建筑设计，p75，黑龙江科学技术出版社，1999年，哈尔滨
③ Dominique Perrault, Radsporthalle in Berlin, Baumeister, p17～25, 1997 (12)

数百株苹果树之中，设计者的目的在于给人们带来近似湖泊的环境氛围（图 3.17）。

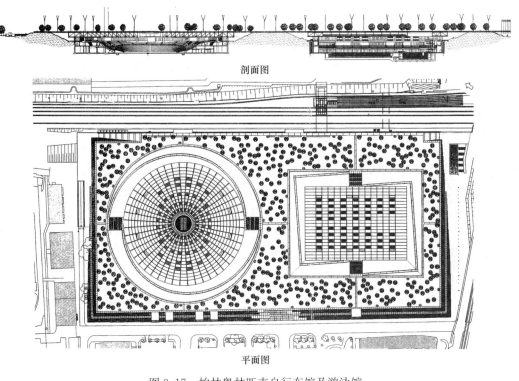

剖面图

平面图

图 3.17 柏林奥林匹克自行车馆及游泳馆
Fig 3.17 Olympic Cycling Hall and Swimming Hall in Berlin

与地形地势相结合的较好例子是香港政府大球场（Hong Kong Stadium，So Kon Po，HK，China，HOK 建筑设计)[①]，它从 1992 年起，在原有露天老体育场的基础上，经过重新设计改造，于 1994 年建成（图 3.18）。该建筑位于三面环山的小山谷中，看台的走向与山坡近乎一致，宛若天成。设计坐席 40000 座、包厢 50 个，还为运动员、管理人员及新闻媒体提供了必要的使用和休息空间，并配备了现代化设施。两个主看台的中部比端部略低，从而增加了坐席数量，并在视线设计方面也取得了良好的效果，两个主要看台可容纳观众总数的75%。作为建筑的显著标志是两个主看台上的膜屋面结构，它的表面采用特富龙涂层的玻璃丝织物（Teflon-coated fibbre-

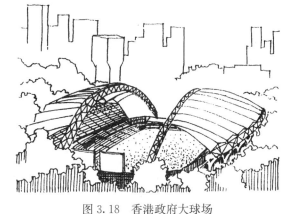

图 3.18 香港政府大球场
Fig 3.18 Football Stadium in Hong Kong

glass），屋面具有自洁功能，明亮显著，形似两片蚌壳。由钢管构成的箱形桁架拱跨度达

① Hong Kong Stadium，Sportsställenbau und Bäderanlagen，Category A，p6～9，1997（5）

240m，许多平行设置的小三角形钢管桁架呈弧形，一端与主桁架正交，另一端支撑在看台的顶部。这样一来，主桁架拱成为次桁架的支撑，而次桁架又成为主桁架拱的侧向稳定支撑，主次结构互为补充、相得益彰，结构形象自然，传力途径明确，无丝毫赘余之物。由于东西主看台结合地形、强调了山谷的天然走向，加之屋盖结构的收束形态，使得如此庞然大物与周围环境融为一体。在绿树山峦的环抱之下，成为体育公园的视线焦点。

此外，形体的分割和组合是运用形式美学以减轻人们心理感觉的一个重要手段。化整为零，将形体进行适当分割和组合，同样也可减小对环境的影响。

（3）以与基地地块协调一致为目的的结构形态

地块形状尽管会制约建筑师的尽情发挥，但却能在某种程度上激发他们的设计灵感，将恰当的结构体形嵌入地块中，从而实现了与环境的有机结合。如北京石景山体育馆（建筑设计：梅季魁）[1]，由于地处三角形地块，建筑总体平面选择三角形就显得恰如其分。在结构形态上，从三边中点伸出的斜撑汇于一点，既构成了结构主体，又在立面上强化了三角形的构图；外伸的三个尖点又使双曲屋面充满张力感，使整个建筑显得动静结合，收放自如（图 3.19）。

总平面图

图 3.19　北京石景山体育馆

Fig 3.19　Shijingshan Gymnasium in Beijing

又如 1998 年新建的柏林商会（Chamber of Commerce，Berlin，建筑设计：Nicholas Grimshaw & Partners）[2]，位于旧有建筑包围下的不规则狭小地块，建筑师在充分利用原有地块的基础上，也充分表达了结构形态，将联排大跨度拱结构作为建筑主体，二层以上各层楼面都通过拉杆悬挂于拱结构上，并将传力部件在细部上作了明确的表达，使人们对结构体系一目了然。在功能上，也使得底层空间可以随意布置、经常变换（图 3.20）。其中，结构形态的确定也经过了一定的调整（见第 4 章）。

（4）以维护原始地表环境为目的的结构形态

这里有两种选择，一是向地下拓展空间，二是向空中发展。

将使用空间掩藏于地下应该是对地形、地貌影响最小的营造内部使用空间的方法，最早可上溯到原始人类的穴居。我国黄土高原的窑洞，可看作原始人类穴居在形式上的延续，

---

① 梅季魁，自律至善 情理相依——第十一届亚运会排球馆和摔跤馆设计构思，建筑与城市，p72～76，1990（4）

② Nicholas Grimshaw & Partners, Chamber of Commerce, The Architectural Review, p58～67, 1999（1）

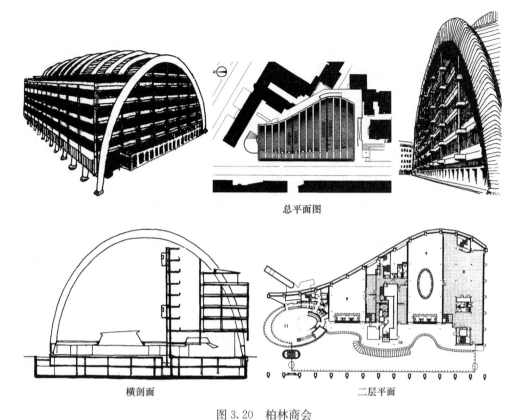

总平面图

横剖面　　二层平面

图 3.20　柏林商会

Fig 3.20　Chamber of Commerce in Berlin

其缺点是较多地依赖自然条件，包括地形和土质条件，空间跨度极为有限。但并不是说这一结构形式在现代技术高度发达的社会条件下必然要遭到淘汰，相反，现代城市的地下空间正不断得到开发利用，如地铁、地下商场等。通常人们很难把地下建筑与宽敞宏大的大空间公共建筑联系起来，然而，将巨大的内部使用空间置于地下的大型体育建筑已在当代西方得以实现。例如，为了迎接 1994 年在挪威举行的冬季奥林匹克运动会，格约威克（Gjøvik）市拟新建一座冰球馆[①]，且日后可作为多功能比赛大厅之用。由于该城规模较小，位于米约萨（Mjøsa）湖边，城市建筑普遍低矮。这样一来，用于奥运比赛规模的大体量建筑势必与周围城市风貌形成极大冲突，而远离市中心选址又会使该建筑的使用效率大为降低，遂决定将比赛大厅建于城内一座小山之内。这在外人看来是出乎意料的举动，对主办者来说却是自然而然，因为在选址附近早有一座地下游泳馆，经多年使用，已得到市民认可，且经济效益甚佳。若再贴建一座多功能比赛大厅，则管理、服务与附属用房可以共用，一举两得。经过设计，观众可通过 100m 长、8m 宽的通道进入宽敞的门厅，另有一通道单独为贵宾服务并可作为紧急疏散的辅助出口。比赛大厅长 92m，宽 62m，高 24m，冰球场地 66m×36m，观众席为 6000 座。大厅取向与山脊自然走向一致，以赢得山体内部最佳的受力条件。大厅顶部岩石为自承重结构，侧壁则用喷射混凝土予以加强。为防止滴水

---

①　Olympic Mountain Hall，Sportställenbau und Bäderanlagen，Category A，p33～34，1997（5）

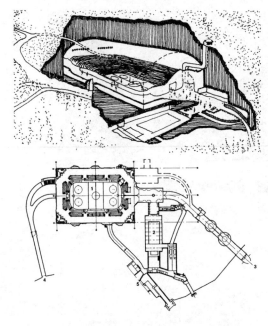

图 3.21　格约威克奥林匹克地下体育馆

Fig 3.21　Olympic Underground Arena in Gjøvik

和碎石掉落，顶部悬挂波纹钢板。技术设备的铺设紧贴岩石顶。工程量的巨大可想而知，从中可以看出，地下空间能够得以拓展完全有赖于现代结构技术条件（图 3.21）。

I. M. Pei 等设计的日本美秀博物馆（Miho Museum，滋贺县信楽町）[①] 位于国家自然公园山区。此处远离城市喧嚣，最接近大自然。设计时，建筑师将 95% 的建筑建于地下。对于外露建筑，在形式上承袭传统木构建筑，用材则是现代的不锈钢管和玻璃，并使屋顶坡度与山坡接近；在技术构成上充分运用现代技术，节点构造新颖简洁。施工采用开挖形式，将土石沿开凿的隧道运出，待土建完工时，再将土石运回，进行回填，并补种植物。不仅最大限度地维护了自然环境，而且从隧洞、斜拉桥，到依山而建、错落别致的玻璃建筑，加上建筑师准确而不夸张的造园手法，反而为环境增色不少（图 3.22）。

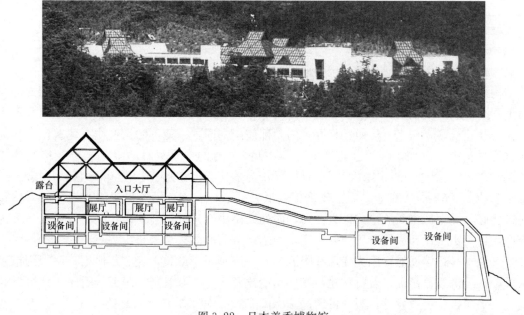

图 3.22　日本美秀博物馆

Fig 3.22　Miho Museum in Japan

---

① Miho Museum，新建築，p107～116，1996（9）

　　为了向空间发展而尽量减小对地表的影响，树状支撑体系是较为可行的一种结构形态。它占地面积小、尽量利用上部空间，外形也能使人们与环境保护的生态结构联系起来。从结构技术的发展历程来看，梁柱结构的雏形无非是在两棵树之间搭些枝条而已；从心理感受来看，或许过去人类是由树上逐渐演化到地面的缘故，或许人们对树木维护生态的重要性历来非常重视的缘故，现今的人们对树的形态仍感到十分亲切。现在将树状结构用于建筑大多已抽象为单柱加 V 形支撑，复杂形式数量较少（见第 6 章）。独立的树状结构由于重心较高、侧向刚度弱、力学性能不佳，在应用时，一般仅限于室外凉亭或建筑小品。若用于较大体量建筑，则须采用联立形式。位于法兰克福的某私立寄宿制小学[1]在扩建时，建筑师 Peter Hübner 将部分手工课教室建于一山坡的路边。为了减小对地形影响，采用两个树状支撑，将混凝土与钢结构组合，并依坡而建，从而解决了水平稳定问题。此外，还将原有的一棵大树围在其中，并穿过露台。可见建筑师环境保护意识之强（图 3.23）。类似的环境保护式建筑还有位于英国 Dorset 的威斯敏斯特木屋（Edward Cullinan Architects，Westminster Lodge，Dorset，England)[2]（图 3.24）。

　　（5）以营造人工环境为目的的结构形态

　　在维护局部生态环境中，需要营造一个与外界隔绝的人工环境。温室是小范围内改变环境条件的传统方式。随着全球生态环境的恶化，许多大面积的生态景观需要与外界隔离，人为加以保护，这就有赖于大跨度空间结构。这种结构形态的选择并不只是简单地以将植物罩起来为目的，而且要考虑到自然地形的起伏变化、植物高低种类的分布，还要尽量减小屋面结构杆件密度，以利光照。此外，如果在整体形态和细部设计上能富有美感则更好。

　　由 Nicholas Grimshaw & Partners 设计的伊甸园方案[3]就是想通过建立一个具有足够大的室内空间，使大量的来自不同地区的各种植物既能避免外界的各种危害，如污染和恶劣气候，又能提供足够的自然生长条件，如阳光、空气和水等。以此为大量濒危植物提供相应的保护和生长条件，同时也可为人们提供最广泛的植物来源。该方案拟建地位于英格兰西南半岛的 St Austell。该地山峦起伏、沟壑纵横。设计占地 $15hm^2$，一期项目中最大的一处生态空间覆盖面积达 $4hm^2$，将模拟四种主要气候区域，如雨林、半干旱、亚热带和地中海气候，其余项目将在后续数年内陆续建成。这将是世界上最大的单体温室，首尾长度近 1km，跨度从 15m 到 120m 不等，内部空间最高达 60m，以保证热带雨林区域内高大乔木的充分生长。为了满足通常的活荷载、雪荷载作用并抵御大风产生的向上吸力，方案采用依山而建的一系列大跨度轻型双面张拉索拱形钢结构，通过高低错落和跨度变化，将数个大型内部空间自然地衔接起来。此外，与之相配合的水、电、暖等系统工程将更多地利用太阳能，以减小能耗。在设计者看来，该建筑将来同植物一样，也可不断生长、延伸、

　　① 　Peter Blundell Jones，Embracing a Tree：School Extension，The Architectural Review，p41～43，1996（9）

　　② 　Edward Cullinan Architects，Westminster Lodge，Architectural Design（AD），p56～59，1997（1-2)

　　③ 　Nicholas Grimshaw & Partners，The Eden Project，Architectural Design（AD），p42～47，1997（1-2)

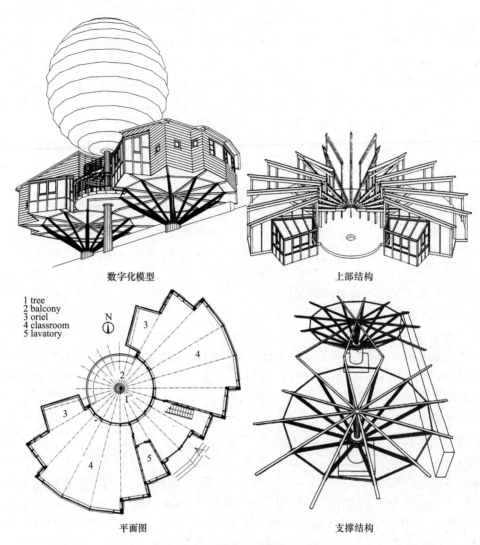

数字化模型　　　　　　　　　　上部结构

1 tree
2 balcony
3 oriel
4 classroom
5 lavatory

平面图　　　　　　　　　　支撑结构

图 3.23　法兰克福某小学教室

Fig 3.23　Pupil's classroom in Frankfort

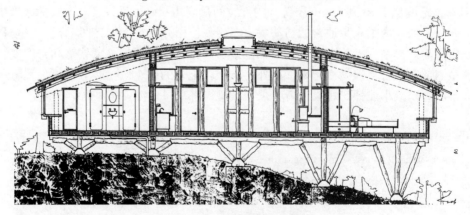

图 3.24　英国威斯敏斯特木屋剖面

Fig 3.24　Section of Westminster Lodge in England

有机地发展。该方案后来又在结构上作了重大修改[1]，采用六边形单元单层球壳，空间作用效果更加明显，预估结构自重也更轻。由钢管构成的单元网格尺寸 9m。大小球壳结合地形变化和内部需要进行组合，外观形态更加具有生命活力（图 3.25）。工程预算 7400 万英镑，虽预计 2000 年复活节前竣工，但实现起来却困难重重。

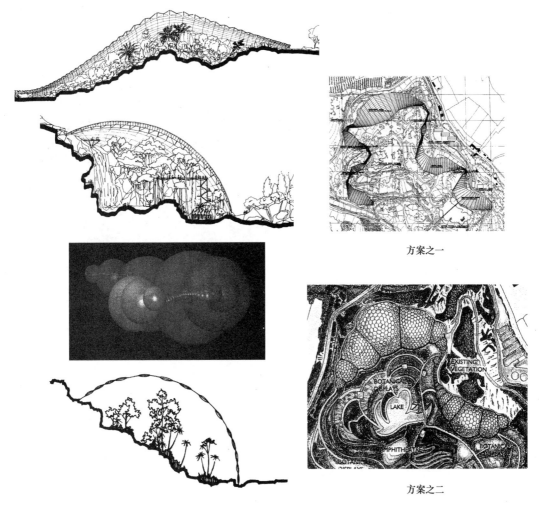

方案之一

方案之二

图 3.25　伊甸园方案
Fig 3.25　Project of Eden

对于一些需要就地保护并展出的考古地点，同样需要由大跨度结构提供较大的内部空间，而且最好是营造一个恒温、恒湿的人工环境，以延长文物的寿命。中国是具有悠久历史的文明古国，目前已在临潼秦始皇兵马俑坑、广州南越王墓等处建立了较大规模的现场维护空间，绍兴河姆渡遗址、随州曾侯乙墓和长沙马王堆汉墓也建立了博物馆，但从实际条件来看，尚谈不上恒温、恒湿。目前，在欠发达地区，重发掘轻管理、热衷于仿古复原

① Nicholas Grimshaw & Partners, Morphologique—Projet pour Eden Center, Cornouailes, Techniques & Architecture（437），p80～82，1998（4）

而疏于遗迹的保护，这些倾向令人担忧。文物是一种不可再生的资源，应该不遗余力地加以保护。作为建筑专业的从业人员，也有责任为其提供既有特色又符合现有经济条件的保护性建筑。这中间，一定不能忽视结构形态对营造内外环境的作用。

3.3.4　结构形态与现有技术条件的统一

良好的愿望必须要有现实的保证。结构形态必须以一定的技术支持作背景，才能有所成果。同样，一种结构形态也正反映了与之相对应的技术水平。

著名的悉尼歌剧院，在丹麦建筑师伍重（Joern Utzon）的方案设计时，就将其结构形态定位于壳体结构。然而由于他对壳体结构在力学性能方面的优劣缺乏技术上的足够认识，使该项目长期得不到有效的结构技术支持。主要原因在于，薄壳结构的优点是能够将作用于凸面法向的压力化解为面内的分布压力，而竖起来的壳体会在自重作用下产生面外弯矩，这对结构十分不利[①]。壳体结构方案无法实现，只能退而求其次，以肋拱结构实现其建筑造型，但表里不一的缺憾却永远被凝固在其中。悉尼歌剧院能得以实现，是与现代计算分析和模型试验手段分不开的，而且施工中还应用了预应力技术，但从结构原理的本质上看，肋拱技术早在中世纪的哥特式建筑中就已相当成熟，与哥特式教堂相对比，二者尖拱的剖面形式和结构作用是完全一致的（图 3.26）。

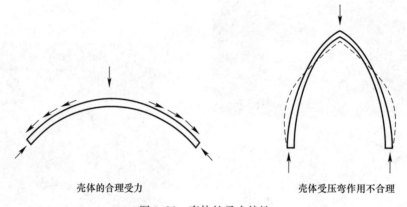

壳体的合理受力　　　　　　　　　　　　　壳体受压弯作用不合理

图 3.26　壳体的承力特性

Fig 3.26　Bearing character of shell

结构形态与科学技术的发展密切相关，是一个时代技术发展的产物。科学技术的发展势头是不可逆转的，它无疑是社会生活中最为活跃的因素。新材料的出现必然要求产生新的结构理论和发展新的技术工艺，从而促使新的结构形态不断出现。只有在结构形态方面不断创新，才能赶上技术发展日新月异的步伐。

3.3.5　结构形态与社会文化心理的统一

社会文化是历史积淀的结果。审美心理属于意识形态范畴，但它却是与具体的物质实体相对照的。当我们谈及古典主义建筑审美观时，必然联想到古希腊巴特农神庙和古罗马凯旋门等传统建筑；当我们谈及现代主义建筑审美观时，也自然要联想到流水别墅和包豪

---

①　虞季森，中大跨建筑结构体系及选型，p3，中国建筑工业出版社，1990 年，北京

斯校舍等现代建筑。一种新建筑形式要得到社会认同，需要经历一个过程。然而一旦得到社会的普遍接受，建筑形式的更新则会十分困难。

任何一种新技术（包括结构技术）的产生，都会有其历史发展的必然性，但要得到应用，就需要社会的认同，也要靠专业人士的不懈努力。在 19 世纪末、20 世纪初，钢结构技术的不断完善，使美国的高层建筑迅速发展起来，但建筑的传统形式仍在人们头脑中根深蒂固。这些早期的高层建筑，外表个个显得厚重敦实。其实，剥去表面的石材，结构依然稳固，或许因减轻了自重反而更有利。然而当时的公众（包括业主）对钢材的轻质高强普遍缺乏认识，一个瘦骨嶙峋的高大建筑何以给人安全感。就连 20 世纪 30 年代赖特（Frank Lloyd Wright）设计的流水别墅，关于其巨大的钢筋混凝土悬挑阳台也曾流传过建筑师代为拆模的有趣轶闻。随着结构技术的广泛应用，社会文化的发展进步，人们的观念才有所转变。透明的玻璃盒子显现出结构的修长挺拔，纤柔的悬索构筑了跨海大桥，这一切在人们眼里已显得极其自然。追求建筑的技术精美成为许多建筑大师的设计观念，结构技术的表现已不再给人们带来心理上的不适（图 3.27）。但是，对于新的建筑材料，如膜材料、高分子材料，以及与之相对应的新的结构形态能否在今后的建筑中发挥主导作用，既靠技术自身的进一步成熟和推广，也靠社会的逐渐理解和接受。

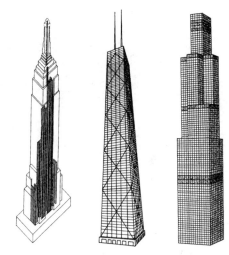

图 3.27　现代高层建筑的结构形象
Fig 3.27　Structural form of modern high-rise building

3.4　结构在建筑设计中的地位

结构在建筑设计中处于什么样的地位、起多大的作用，既要看建筑师设计的出发点是什么，也要看建筑师对结构形态理解掌握的程度有多深，还要看客观条件给予建筑师的设计提供多大的自由度。判断一个建筑形态是否体现了结构形态，要看这一形态是否是由结构所决定的，即是否是由结构的必然形态所决定的，是否是由结构的力学规律所决定的。

3.4.1　以结构形态作为建筑表现的主体

以结构形态作为建筑表现的主体，即在建筑主体的设计中运用结构表现手法，这在大型公共建筑的设计中显得越来越突出。人们自觉或不自觉地由衷佩服大跨度结构在控制建筑空间中所具有的特殊能力，从而在心理上对结构在建筑美学中的表现给予认同，甚至有些不甚精通结构性能的建筑师也时常搞些类似结构却毫无结构作用的虚假装饰。因此，如何把结构作为一种合理有效的表现手段是本书要着重讨论的问题之一。

位于英国威尔特郡的法国雷诺汽车配送中心仓库（建筑设计：Foster Associates，结构设计：Ove Arup and Partners)[1]，建于 1983 年。其屋盖采用了拉索与空腹钢梁组成的

---

① テタノロヅ—の可能性，新建築，p252～255，1998（7）

悬挂结构体系，柱网 24m×24m，内部净空 9m，既保证了开阔简洁的内部使用空间，又以鲜明的技术表现丰富了建筑形象，是以结构形态构筑建筑造型的典型范例（图 3.28）。类似的还有意大利某工业厂房（New Benetton Factory, Castrette, Italy，建筑设计：Afra & Tobia Scarpa)[1]，以桅杆和斜拉索作为平板型屋盖的支撑（图 3.29）。

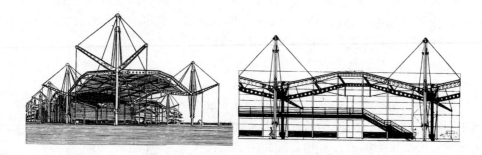

图 3.28　雷诺汽车配送中心仓库
Fig 3.28　Warehouse for Renault Distribution Center

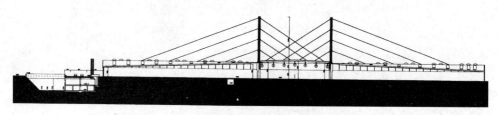

图 3.29　意大利某工业厂房
Fig 3.29　A factory building in Italy

　　此外，大量的、对结构体系要求较高的公共建筑，如展览馆、体育场馆、超高层建筑等，其内部、外部形象往往都是由结构形态决定的。黑龙江速滑馆、梦幻乐园即是以结构形态构成了建筑的完整体系[2]（图 3.30，图 3.31）。

3.4.2　以结构技术作为建筑造型的辅助手段

　　结构能够在建筑设计中起主导作用，这种情况毕竟有限。建筑虽具艺术性，但毕竟还是以实用性为主，服从功能的要求。在多数情况下，结构作为一项技术手段，要为建筑服务。从现实情况来看，除个别的考虑结构自身参与建筑形态的表达外，大量的是结构满足建筑造型的需要。这方面的实例比比皆是，不胜枚举。

　　如德国柏林某体育训练馆（Sport-und Werferhalle Lilli Henoch，建筑设计：Jochen Jentsch)[3]，采用高低不等的多榀门式木框架，纵向形成波浪式曲线屋面（图 3.32）。屋面的高低变化除动感造型的需要，也是内部功能要求的反映，因为上凸部分可满足球类大厅的净高需要，下凹部分则对应体操房和器材库房等。尽管框架的构件形式符合内力分布规

　　①　New Benetton Factory, Castrette, Italy, GA Document (38), p64~71, 1993
　　②　梅季魁，现代体育馆建筑设计，p113~121，黑龙江科学技术出版社，1999 年，哈尔滨
　　③　Sport-und Werferhalle Lilli Henoch, Sportställenbau und Bäderanlagen (sb), p12~15, 1997 (1)

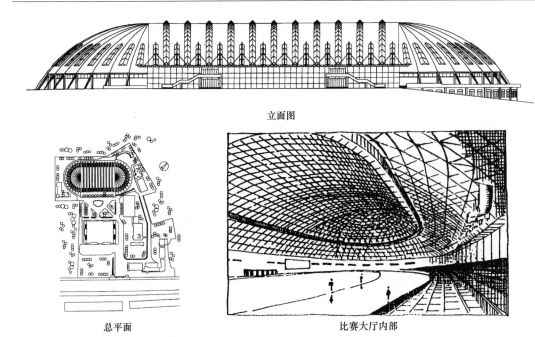

立面图

总平面　　　　　　　　　　　　　　　　比赛大厅内部

图 3.30　黑龙江速滑馆

Fig 3.30　Speedskating Hall in Heilongjiang，China

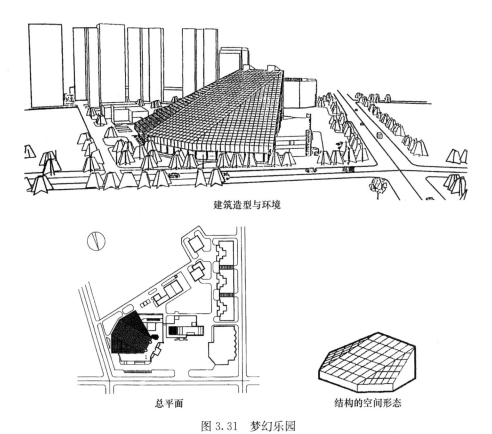

建筑造型与环境

总平面　　　　　　　　　　　　　　结构的空间形态

图 3.31　梦幻乐园

Fig 3.31　Dream World Water Park in Harbin，China

律，但是，结构在这里除了构件外露作为立面表现外，并无特别的形态表达，只是实现建筑外形起伏的技术手段。又如法国某仓库建筑（建筑设计：Jean-Francois Schmit）[1]，屋面锯齿形天窗有意设计成为波浪形，部分还延伸为雨篷，由 I 形型钢加工而成。尽管曲线形式不符合结构受力要求，但因跨度小，仍能胜任（图3.33）。

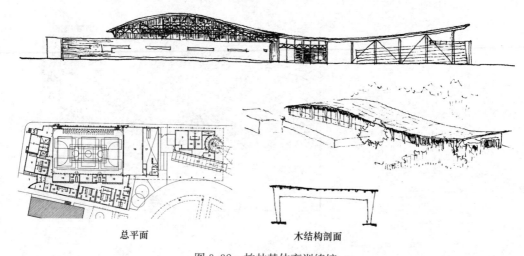

总平面　　　　　　　　　　　木结构剖面

图 3.32　柏林某体育训练馆

Fig 3.32　Sports and Throwing Hall in Berlin

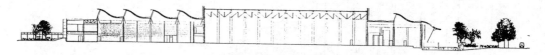

图 3.33　法国某仓库剖面

Fig 3.33　Section of a warehouse in France

此外，结构形态作为建筑表现有着长期的历史渊源，如穹顶和拱结构曾大量地被用于构筑大跨度建筑的内部空间，以至于形成一种文化和传统的表现形式，在当代建筑中也时有表现。这种表现更注重形式而非结构本身，是借用结构形态来表达建筑意向。如西班牙塞维利亚机场候机楼（Flughafen San Pablo in Sevilla，Spain，建筑设计：Rafael Moneo）[2]，内部即以拱和穹顶作为空间表现，夸张的构件尺度尽管并非结构受力所必须，却形成了极强的厚重感，相形之下，即使粗壮的圆柱也显得很单薄（图3.34）。不过，联想到传统的伊斯兰建筑形式，以这种手法处理现代建筑也并不奇怪。

总的来说，无论是作为建筑的表现主体，还是辅助手段，结构形态设计都能够找到一定位置。概括地评价结构的作用即是，"无意喧宾夺主，但求有所表现"。

① Jean-Francois Schmit, La Logistique, cree (274)，p78～79

② Flughafen San Pablo in Sevilla，Spain，Baumeister，p35～39，1992（8）

塞维利亚机场候机楼内部　　　　　　　　　　科尔多瓦大礼拜寺内部

图 3.34　西班牙塞维利亚机场候机楼与传统的伊斯兰建筑对比

Fig 3.34　Comparison between Sevilla Air Terminal in Spain and traditional Islamic building

3.5　建筑设计中运用结构手法的几个误区

3.5.1　虚假的结构

结构的形象与内涵应当是一致的，即结构必须要起到结构的作用，否则，徒有其表的结构就是虚假的结构，既误导了外行，又使内行感到不悦。

如位于荷兰 Den Haag 的某高层建筑[①]外立面设置了巨型钢桁架（图 3.35）。但从内部结构来看，框架结构完整，建筑平面规则，立面内收幅度不大，外表桁架主要是起装饰作用，对结构无实质性贡献。

又如建于 1998 年的上海电信世界大楼，其外立面转角处为柱状曲面，两层之间除竖向柱子之外，还设有斜拉杆（图 3.36）。由于这些斜杆在曲面上，并与母线斜交，必然是弯曲构件。了解结构性能的人不禁要问，这些弯曲的构件如何能承担抗拉作用？显然它们不能起结构作用。如果说前面实例中的饰面结构虽然不起结构作用，但形态上还算合理的话，那么，该实例则是以不合理的结构形式作为立面装饰，从中明显地反映出建筑师对结构概念缺乏认识。

3.5.2　烦琐的结构

结构之美，贵在恰到好处、难以增删。结构形态所表现出的传力关系应一目了然。结构不怕大、构件不怕多，关键要完整、有韵律感。形象上感觉烦琐的结构，不管其各组成部分是否都能起结构作用，难免使人怀疑其中有赘余之物。

1998 年启用的上海证券大楼，整体建筑为凯旋门式，立面采用了桥梁结构中曾经常用的米字形桁架结构。五花大绑，表现过分，同时也产生了视觉尺度不协调等问题[②]（图 3.37）。

又如日本某步行桥（图 5.19），通过复杂的支撑杆件和斜拉索，使原本功能十分简单的小型桥梁变得十分复杂，结构关系使人眼花缭乱，感觉烦琐。

3.5.3　不利的结构

结构形态必须与其所对应的受力状态相适应。有时，由于过分看重建筑在形式上的表

---

① Bürogebäude Malietoren in Den Haag，ein Stadttor besonderer Art，DETAIL，p526，1997（4）

② 李大夏，上海证券大厦解读，时代建筑，p38～41，2000（1）

现，反而将本来比较简单的问题搞得复杂化了，以至于使结构处于不利的受力状态。

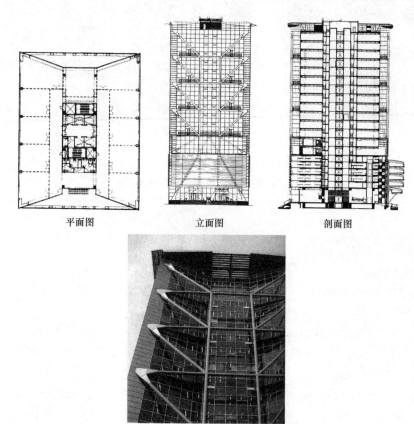

平面图   立面图   剖面图

图 3.35　Den Haag 某高层建筑

Fig 3.35　High-rise building in Den Haag, Holland

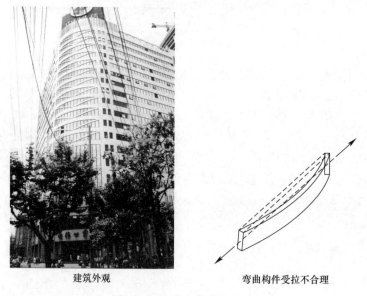

建筑外观   弯曲构件受拉不合理

图 3.36　上海电信世界大楼

Fig 3.36　Telecom-world Building in Shanghai

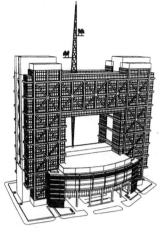

图 3.37　上海证券大楼

Fig 3.37　Stock Exchange Building in Shanghai

　　如法国 A5 高速公路某收费站（Eprunes toll station，A5 motorway）[1]，设计者为 Marc Mimram，一人兼任建筑与结构的设计。该建筑在形态上的表现的确算是大手笔，巨大的平面拱形桁架将十多榀 V 形悬挑结构侧向连接在一起（图 3.38）。然而细细分析结构关系却不难发现，每一榀 V 形悬挑结构单体的受力极不合理，向前大幅度悬挑屋面的抗倾覆力由斜拉杆传至向后倾斜的柱顶，由于斜拉杆与 V 形支撑构成的三角形封闭结构与地面连接只有一点，而且，整个倾覆力矩全靠斜柱根部承担，即使由于柱子根部较粗，能够担此重任，但基础的抗倾覆问题也变得复杂了。通过强化结构自身，虽能解决问题，但从外观上看，重心前倾、一点着地的结构形式必然使人产生不稳定感。假如巨大的桁架拱能够提供后拉的抗倾覆力也好，遗憾的是，侧面看去，拱与十余根斜柱处于同一平面上，而平

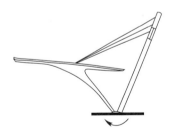

结构抗倾覆仅靠一点起作用

图 3.38　法国 A5 高速公路某收费站

Fig 3.38　Toll Station of A5 Motorway in France

　　[1]　Pége des Eprunes，A5，p72～73，Techniques & Architecture（422），1995（11）

面拱是不考虑面外刚度的，看似巨大的支撑拱也只能提供侧向联系。其实，各榀单体之间的支撑完全可以靠局部的柱间支撑解决，大可不必如此兴师动众，以至误导人们对结构形态的直觉。

　　相比之下，由著名建筑师赫尔佐格（Thomas Herzog）设计的德国 Lechweisen 高速公路服务站（Motorway Service Station，Lechweisen）[①] 则表现得比较谦虚。它也是由多榀平面型单体结构组成，同样用斜拉杆将悬挑屋面的倾覆力传给柱顶，但整个结构的前倾问题通过两根与基础连接的斜拉杆所提供的平衡力来克服。实腹钢柱中间粗、两端细，以承担因屋面重量而在柱子中点产生的倾覆弯矩。此外，由于每榀结构都采用了双柱形式，各榀之间通过屋面连成整体，因而侧向稳定问题也得到了解决（图 3.39）。

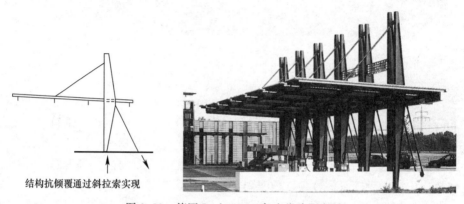

结构抗倾覆通过斜拉索实现

图 3.39　德国 Lechweisen 高速公路服务站
Fig 3.39　Motorway Service Station in Lechweisen，Germany

　　总的来说，要想准确、真实地运用结构来表达建筑造型，必须掌握结构理论的基本原则和结构表现的基本手法，将形象化思维与逻辑性思考有机地结合起来。

3.6　小结

　　（1）建筑与结构统一的起因　建筑与结构由于设计原则、设计手法、思维方式等都存在显著差别，存在矛盾并不奇怪，大量的建筑所反映出的不和谐现象均事出有因。然而，建筑与结构却又同时为实现一个共同的设计目标而必须携手共进，寻求统一也在情理之中。

　　（2）建筑与结构统一的目的　建筑与结构的统一，意在构筑一个和谐自然的建筑实体。评价建筑是否完美有着多方面的标准，建筑与结构的关系是否协调便是其中的一个重要方面。因为合理的结构形态广泛存在于自然和社会生活中，并会自然而然地在人们内心里形成相应的审美心态，人们也会以此来审视建筑的形象与内涵，作出合乎逻辑的判断。

　　（3）建筑与结构统一的本质　结构形态是结构内在规律在形象上的集中体现。建筑与结构统一的本质应该是结构与建筑在内在规律层次上的，即基本形态构成的统一，这

①　Layla Dawson，Autobahn Prototype，The Architectural Review，p56～58，1998（4）

是实现艺术与技术、形式与内容统一的最高境界。结构形态的设计对于建筑和结构都是一个新的课题。这种创造性的结构思考与结构工程师的结构设计有一定差别，与通常建筑初步设计中的结构选型也有一定区别，它创作、创新的成分更为突出。

（4）**建筑与结构统一的内容**　要实现建筑与结构的真正统一，结构形态的合理设计是中心内容。它需要在诸多方面有所作为，包括实现与建筑功能、建筑造型、建筑环境、现有技术条件和社会文化心理等方面的协调一致，以此实现结构与建筑的最大限度的和谐统一。

（5）**建筑与结构统一的尺度**　认清结构在建筑设计中所处的地位和作用，是把握结构形态表现程度的先决条件，也是评价建筑与结构的统一效果如何的尺度。结构形态可以成为建筑表现的主体，也可以是建筑表现的辅助手段，这两者在实现建筑与结构统一方面都发挥了积极的作用，并无孰优孰劣之分，关键在于结构形态的表现应出于真实、和谐、自然。矫揉造作、刻意突显，反而会弄巧成拙，陷入误区。

（6）**建筑与结构统一的效果**　建筑与结构统一的效果如何，归根到底，还是要靠整个社会的判断能力。社会普遍的文化心理对结构形态的创新有一定的制约。一定的结构形态便对应着一定的社会形态。新的建筑结构为社会所接受需要一个过程，如何在创新中不失与社会文化心理的统一，这的确是一个很难的设计课题。

第 4 章

建筑创作的结构表现

以结构技术手段来参与建筑的形态构成，恰当地运用结构的语言来表现建筑，不仅是高技术的体现，而且能为建筑形态赋予合理的内涵、带来崭新的面貌。在建筑形态构成中，这也是减少主观臆断、更加贴近自然的创作方法之一。

Chapter 4

Structural expression in architectural creation

合理的结构形态是力学规律的外在表现，本身即蕴涵着和谐与自然，就如同贝壳的形态是出于自然、反映自然一样。以结构技术手段来参与建筑的形态构成，恰当地运用结构的语言来表现建筑，不仅是高技术的体现，而且能为建筑形态赋予合理的内涵、带来崭新的面貌。在建筑形态构成中，这也是减少主观臆断、更加贴近自然的创作方法之一。我们可以而且应该把结构作为一种表现手段，而不单单是作为技术工具。不过，光有良好的愿望还不够，我们还要提供一种可供操作的设计手段。既有的建筑结构设计思路是以保证建筑设计的实现为主要目的，并不具备形态创新机制，这就需要代之以结构形态的创作思维和表现手法。

4.1 结构的构成及其规律

结构表现手法主要体现在两方面，一是通过结构的外在形体直接表现，二是通过结构的力学规律间接表现。

4.1.1 结构的分类

研究者根据着眼的不同角度，对结构可以作不同方式的分类。下面是通常的三种分类方式：

（1）按形态的结构分类

体、线、面是几何形态的分类，结构造型的方式也无外乎三种基本的类型：体、线、面以及它们的组合（图 4.1）。

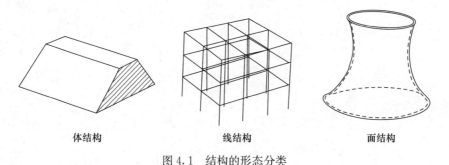

体结构　　　　　　　　　　线结构　　　　　　　　　　面结构

图 4.1　结构的形态分类

Fig 4.1　Classification of structural morphology

体结构　实体结构原理相对简单，工艺易于掌握，结构形态直接可以反映在建筑造型上。从古埃及宏伟的石砌金字塔，到秦始皇陵巨大的封土堆，都是非常著名的早期实体结构典型实例。从中国历史上看，实体结构在水利工程和军事防御等方面曾给人类带来巨大利益，从两千多年前的都江堰水利枢纽，到现在广泛分布于大江大河的重力式水坝；从始建于战国时代的长城，到紫禁城高大的城楼，无不显示其巨大的作用。但是其雄伟庄严的大体量必须耗费巨大的人工和经历漫长的工期。

面结构　中国古代的帐篷以及东非现存的草泥房屋分别是利用受拉和受压两种机制的传统面结构。面结构过去主要是以砖、石、混凝土结构为主的、利用抗压机制的筒形和拱穹顶，在 20 世纪中期，混凝土壳体结构曾一度统治了大跨度建筑的所有领域。许多著名的建筑师和工程师都倾注了大量的热情。由于施工工艺的复杂和新型网架结构的出现，壳体逐渐被忽视。而 20 世纪八九十年代起，膜结构的兴起又为面结构在大跨度建筑中的应用赢得了一席之地。

线结构　线结构是迄今为止种类最多、应用最广的一类结构形态。以梁柱结构为代表。历史上，它始终是主要的结构形式。自 20 世纪下半叶开始，空间网架及张拉索结构等逐渐成为大跨度建筑的首选结构形式。

无论是面结构还是线结构，这些构件本身都是具有三向尺度的实体，而不是绝对意义上的"面"或"线"。从结构分析的角度来看，主要是由于构件的一个方向或两个方向的尺度，较其余尺度非常之小（如壳体的厚度相对于长宽，一般的梁、柱的横截面尺寸相对于纵向长度），以至于计算分析时，可以将其看作面或线。这对于我们从形态的角度分析结构的性能也大有好处。

在通常的工程实例中，纯粹单一的结构形态是很少的，大量的是它们的组合体。采用单一类型结构来实现较大跨度的情况，会对建筑的表现力有所限制。相反，不同种类结构形态的组合，有时能为建筑提供丰富的形象。如索膜结合、混凝土穹顶与抗拉环梁等，都是线面结合的典型实例。结构的选型设计应该着眼于多种受力结构（构件）的组合，以发挥各自所长，实现最优效果。

（2）按材料的结构分类

按材料划分结构是工程中最为通行的做法。

砌体结构　是非常传统的结构。它分需要粘合材料的湿砌与不需要粘合材料的干砌两种砌筑形式。从石材、土坯和砖，到现代的各种砌块（空心、轻质），由于取材简便，经济适用，始终是量大面广的结构形式。

木结构　是又一类传统的结构。由于木材的重量轻、强度好、易于加工等特点，是传统建筑中重要的结构形式，材质给人以亲近感。缺点在于种类繁多、质量标准不易把握，且易燃，耐久性较差。特别是对自然的再生性依赖较强，取材限制大。目前比较先进的胶合木结构，材质大为改进，木材利用率高，但成本也高。

混凝土结构　最早是古罗马火山灰天然混凝土，但使用范围较窄。传统的石灰土和三合土也大多用于砌筑的粘合材料及墙面抹灰，用于结构的只有部分夯土式建筑（如中国福建的客家土楼采用的是以土为主，夹杂其他辅料）。真正的现代混凝土结构始于人造水泥的发明和钢筋参与共同工作之后。由于混凝土的可塑性和耐久性较好，成为现今重要的结构形式。

钢结构　早期的铸铁结构是现代钢结构的雏形。基本的理论也是从铸铁时代开始建立起来的。现代钢结构始于钢材（俗称熟铁）的大量生产。随着钢材性能的不断提高，如今被广泛用于大跨度和超高层建筑，成为现代高技术的象征。由于一般的钢材耐腐蚀、抗低温性能差，维护费用高，还有不耐火等问题，始终限制着钢结构的发展。其他的金属材料的加盟（如铝合金等），则给钢结构赋予了更广泛的含义。

此外，索结构、膜（织物）结构也是以材料划分的新型结构。

（3）按受力的结构分类

结构的受力状态分为：拉、压、弯、剪、扭五大类（图 4.2）。通常按受力来划分结构类型大多局限于构件或节点这些范围较小的结构局部，因为实际上结构的受力是非常复杂的，很难用单纯的受力状态来表达。我们只能说梁是以受弯为主，柱是以受压为主，因为它们还会承受其他的作用。从结构的整体来看，按受力方向可分为：抗水平力，抗竖向力，抗倾覆力；按力的产生又可分为外部作用和内部作用，外部作用又分直接作用（风、外力等）和间接作用（自重、地震、温度、环境侵蚀等），内部作用包括材料老化、变性等引起的力的效应。

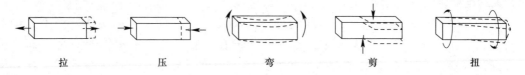

拉　　　　　　压　　　　　　弯　　　　　　剪　　　　　　扭

图 4.2　结构的受力分类
Fig 4.2　Classification of structural force

4.1.2　结构的力学规律

这里把与造型相关的主要的结构原则概括为以下几点：

（1）力的分布与描述

结构在外部或内部作用下各种内力的分布有着一定的规律，且可通过内力图予以形象地表达，如轴力图表达构件内的拉力、压力沿轴线的分布大小，弯矩图表达弯矩分布的大小和方向等。构件的截面形式与内力分布接近的，自然可视为合理的截面。

（2）力与变形关系

结构在力的作用下必然产生相应的变形，如受拉伸长，受压缩短，受弯产生弯曲。这些变形对于通常的结构尽管会极其微小，人们不易察觉，但可以给人产生心理上的联想，如弯曲的构件会使人感觉有某种使其变形的作用力的存在。我们可以间接地利用这种心理作用来设计结构的外形，以达到或厚重或轻盈的视觉效果。

（3）受压构件的稳定

受压的细长杆件在压力增加到一定极限值时，都会发生失稳现象，这在受拉杆中是不存在的。稳定问题对受压杆件的长细比和支座条件都有所限制，如截面的尺寸不能过小（保证一定的惯性矩），对于变截面杆，以中间粗、两端细的橄榄形最为合理。

（4）结构的整体性

如果说以上三点主要是针对构件的话，那么整体性好坏则主要针对整个结构。如平面结构在面外要有侧向支撑，以构成空间的稳定体系；整个结构不能存在"机动"的情况（即位移或变形没有约束）；支撑体系必须完备，以保证结构的整体稳定性。

总的说来，对于一个合理的结构，应该实现结构体系完善、结构形态合理和结构布置恰当。

4.1.3　结构的构成

结构体系的构成存在着一定的规则。能够维持结构形态稳定的最小单位，我们称之为**结构单体**。单体可以小到一根梁、一块板，大到一榀屋架、一个穹顶。任何复杂的结构都可以被看作是由一系列相对简单的结构（如单体）组成的。它们主要是通过**并列关系、从属关系**或由二者的混合关系所组成的。举例来说，单层工业厂房是由一榀榀排架通过联系梁、柱间支撑、檩条或屋面板组合起来的。这里，每榀排架各自都是一个独立结构，它们之间就属于并列关系。柱子和屋架都是排架的组成部分，它们与排架之间是从属关系。

对结构可进行分级划分。如框架结构，由支撑柱与主梁或屋架构成的结构骨架为一级结构，它在形态构成和结构安全方面起决定作用；从属于一级结构的结构或构件，如梁、柱、屋架等，属二级结构；作为二级结构的屋架或大梁，其内部的腹杆、弦杆或受拉、受压部件则算作三级结构。依次类推，逐级细化。这样，同一级结构之间是并列关系，而不同级别的结构之间是从属关系（图 4.3）。

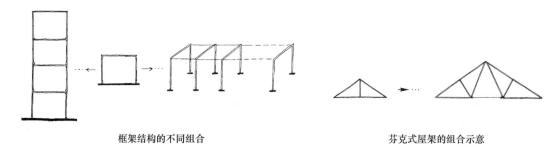

框架结构的不同组合　　　　　　　　芬克式屋架的组合示意

图 4.3　结构的多级划分与组合

Fig 4.3　Grade and combination of structure

结构的分级结果是相对的。一个结构单元在一个场合下是一级结构，换一个场合就可能是二级结构。一个有趣的模型即表达了一个结构单元在不同情况下扮演着不同角色[1]，由图 4.4 给出。

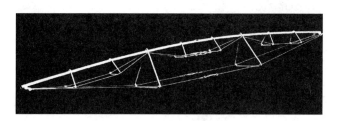

图 4.4　结构组合模型

Fig 4.4　Structural combination model

4.2　以结构的外在形象作为建筑表现

4.2.1　结构表现的形态分类

（1）完整的结构形态

结构形态的完整便意味着建筑形象的完整，可以此表现以自我为中心的设计理念。在西方，高大完整的穹顶多用在教堂和纪念性建筑中，以突出建筑在周围环境中的地位。建于近代的华盛顿美国国会大厦即以折衷主义的手法，借助穹顶显示其权利中心的作用。

结构形态的完整还体现在满足人们视觉上的稳定感。人具有一种完形的视觉心态，空间几何形态不完整、边界过渡又交代不清的体形，常给人以缺乏流畅自然的感觉。而结构形态同样也希望传力明确直接，避免迂回曲折，以免加重支撑体系的负担，增强不稳定因素（图 4.5）。在视觉形态和结构形态之间建立一种和谐统一的关系应始终是建筑的努力方向。

---

① 　Robert Le Ricolais，Des colonnes suspendues en l'air，Werk，Bauen＋Wohnen，p58，1998（4）

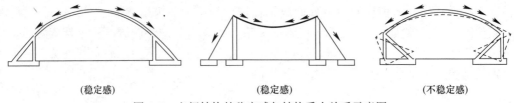

（稳定感）　　　　　　　　（稳定感）　　　　　　（不稳定感）

图4.5　空间结构的稳定感与结构受力关系示意图

Fig 4.5　Sketch of relationship between stabile feeling and force bearing to special structure

　　形态完整的结构会大大提高结构抵御外力干扰的能力。如位于德国 Halstenbek 的某体育练习馆[1]，屋面形式为椭球面穹顶，采用单层网壳结构。建筑周围自然环境优美，绿树成荫。为了尽量减小对环境形象的影响，采用了下沉式做法，仅将穹顶露出地面，且矢高降得很低。矢高越低，曲率越小，对单层网壳的稳定越不利，但该工程一方面将穹顶的外圈设计为混凝土壳，以减小网壳的跨度，另一方面，规则的边界和完整的结构形态使其不存在几何形态上的缺陷，网格底面又增设了交叉稳定索。这些措施使一个看似轻薄的网壳覆盖了较大的空间，也实现了建筑的预定形象（图4.6）。

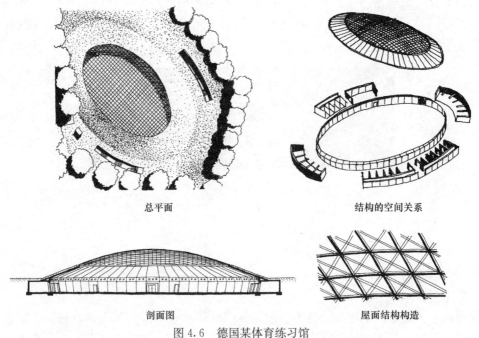

总平面　　　　　　　　　　　　　　　结构的空间关系

剖面图　　　　　　　　　　　　　　屋面结构构造

图4.6　德国某体育练习馆

Fig 4.6　Sports Hall in Halstenbek，Germany

　　完整的结构形态是结构合理性的一种表现。如完整的拱和完整的穹顶，都表明了结构传力的自然、均匀与稳定。相反，不完整的结构形态在结构受力与视觉形象上都会带来不利的影响。如德国 Heppenheim 体育馆（Sporthalle in Heppenheim，建筑设计：Peter Hübner）[2]，屋面结构采用了木质拱形梁，由于两端均不落地，而且内部也无下弦拉杆以平

　　① André Poitiers，Sporthalle in Halstenbek，Baumeister，p20～25，1998（10）

　　② Sporthalle in Heppenheim，DETAIL，p61～63，1997（1）

衡推力，因此，虽具有拱的形态却没有运用拱的抗压机制。尽管构件能满足抗弯要求，而且一端的木构架所提供的负弯矩也对减小跨中弯矩有利，但毕竟没有建立结构形态与心理感觉的协调（图 4.7）。

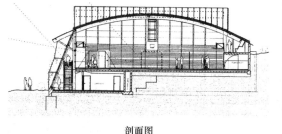
剖面图

建筑外观

图 4.7　德国 Heppenheim 体育馆

Fig 4.7　Sports Hall in Heppenheim，Germany

又如某微电子中心办公楼（Micro Electronic Centrum in Duisburg，建筑设计：Foster and Partners）[1]，于 1997 年建成，外观为一端不落地拱形（图 4.8）。其实，该建筑内部是三个并排的多层单体，夹有两个共享空间及玻璃顶棚。它只有拱的外形而无拱的实质，虽然结构自身不存在问题，但是这并没有消除拱的印象，且形态的裁切有突兀之感，造成感觉失衡。此外，大面积玻璃窗在端部又未作收头处理，从立面表现来看也有欠完整。

但是，形态的完整若处理得过于简单，也会给人以四平八稳的感觉，反而会削弱建筑的表现力。以不完整的形态构成不对称的立面，造成适当的动感趋势也是建筑处理的一种手段，但在具体操作上要有所考虑。如建于 1998 年的上海浦东临沂游泳馆（建筑设计：漆安彦等），比赛大厅形态与前述实例相似。方案原本考虑为一端落地的拱形网架结构，后来由于实施阶段改用铝合金网架，使得屋面结构呈受弯状态，自身即可维持形态稳定，不再需要拱的作用。但考虑到形态的完整性，屋外仍附加了斜撑，不过，只起拱的造型作用，而不提供推力。虽然该拱的形态也不完整，但从立面上看，不落地一侧有较大体块相抵，以此提供了心理上的形态平衡感（图 4.9）。

图 4.8　Duisburg 微电子中心办公楼

Fig 4.8　Micro Electronic Center in Duisburg

图 4.9　上海浦东临沂游泳馆

Fig 4.9　Linyi Swimming Hall in Pudong，Shanghai

① Micro Electronic Centrum in Duisburg，Baumeister，p6，1997（4）

图 4.10　罗马小体育宫
Fig 4.10　Rome Gymnasium

完整的结构形态若能进行合理的局部调整，则可使整体形象大为改观。如建于 1955 年的罗马小体育宫（由 Nervi 等设计），屋面在与落地斜撑连接部位逐渐过渡为波浪形，尽管拱顶结构并非壳体而是杆系，但在外观形态上给人的印象是，内力从屋面向支点的传递更加形象自然（图 4.10）。

（2）合理的形体切割

完整的结构形体未必能与建筑功能相适应。例如，大跨度建筑的屋盖多采用薄壳、网架、悬索、薄膜等空间结构，这些基本形态能够与建筑需要完全吻合的较少，多数须经过一定的加工改造方能胜任。为适应建筑的功能要求，对简单的结构几何形体进行切割是一种常用的方法。但这种切割必须符合结构受力的合理性，而不应是任意的，特别是对新形成的自由边的形态，应着重考虑，以免造成不利的受力状态。

对于一个完整的面结构形体，若沿等应力线切割，并代之以恰当的支撑边界，就可避免剪应力的出现。但如此理想的情形并不多见，一般都会使内力分布发生变化，通常要靠一定的边界支撑条件或单元组合来改善。如球面扁壳，边界为圆形。为了能适应方形或矩形平面的需要，必须对其进行裁切。裁切的结果使原本受力均匀的壳体内部发生了变化，四个角点的推力非常集中，但仍能发挥壳体的整体性。且从建筑功能来看，增加了侧窗，有利于采光，打破了球面屋顶的沉闷与封闭。如建于 1959 年的北京火车站（图 4.11），候车大厅屋顶采用了混凝土双曲扁壳，实现了较大跨度，但缺点在于屋面结构自重很大，导致支撑体系非常厚重。

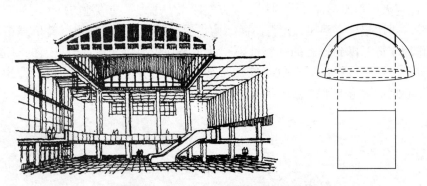

图 4.11　北京火车站及壳体屋面的裁切
Fig 4.11　Beijing Railway Station and its shell roof cutting

由沙里宁设计的麻省理工学院礼堂则切割成适应三角形平面的混凝土球壳。由于壳体自重通过三点传给基础，传力机制更为直接，但也更集中（图 4.12）。

（3）简洁的形态描述

形态的规则性要求几何参数尽可能少，一方面便于描述及设计表达，另一方面便于施工或装配。像悉尼歌剧院这样体形复杂的建筑，初始方案很难确定其几何形状，在方案中标后的细化阶段，为使外部形体便于操作，建筑师将其作为球面的一部分进行裁剪（图 4.13），由于曲面各部分的曲率相同，从而为肋拱的预制带来了方便。

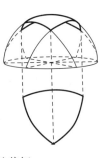

图 4.12　麻省理工学院礼堂及壳体屋面的裁切

Fig 4.12　Auditorium in MIT and its shell roof cutting

又如位于英国 Duxford 的美国航空博物馆[①]（American Air Museum in Duxford，建筑设计：Foster and Partners），主要是用于展览曾参加第二次世界大战的尚留在英国的美军退役飞机。从建筑形态构成来看，它是取自轮胎形圆环的一部分（图 4.14）[②]，外观使人很自然地与涡轮发动机形态联系起来。形体裁减尺寸也是以展厅中体量最大的 B52 轰炸机为主来确定的，可谓"量体裁衣"。在建筑平面设计中，附属空间被巧妙地安排在覆土以下，参观路线设定于大厅周围的马蹄形坡道，使观众可从不同高度和角度审视展品。大厅内部空间利用充分，大小机种立体布置，安排紧凑。屋面结构采用预制混凝土肋板现场拼装、

图 4.13　悉尼歌剧院屋面方案对球面的裁剪

Fig 4.13　Roof project of spheral cutting for Sydney Opera

部分现浇，形成双层壳体。由于屋面几何参数仅有大圆半径与小圆半径两个数值，构成的曲面具有两条母线，因此每块板单元都具有相同的曲面特征，而且除了边界上的单元外，当中所有板单元都是相同的，这就为预制构件的标准化提供了先决条件。规则的几何形态也为结构的受力创造了良好条件：自承重的屋面结构为高大而纤细的落地窗提供了良好的顶部支撑；周边混凝土环梁与斜撑柱相结合，传力自然，并构成了条状采光带，弥补了大厅后半部采光的不足，也打破了屋面的沉闷感。

几何形态的规则性往往是结构合理性的前提，同时也能借此反映出建筑内在的和谐与统一。但符合几何规则的形体从局部来看未必会完全符合结构的合理性，这要从它的受力情况来考虑。如圆形拱在竖向均布荷载作用下，局部仍会产生一定的弯矩，相比之下，悬链线拱在同样受力条件下就更合理一些。

（4）恰当的单元组合

从空间形式来看，建筑的多功能性有时要在外部形体上有所表现，而不仅仅是内部大空间的分割。这样，以不同的单元对应不同的功能分区，再将其进行有机结合，既实现了功能的联系，又实现了形体的组合。

①　Jochen Wittmarnn, Rostschutz-American Air Museum in Duxford, Deutsche Bauzeitschrift（DBZ），p81～82，1997（11）

②　Christoph Luchsinger, Haut unter Spannung, Werk, Bauen＋Wohnen, p16～21，1998（1/2）

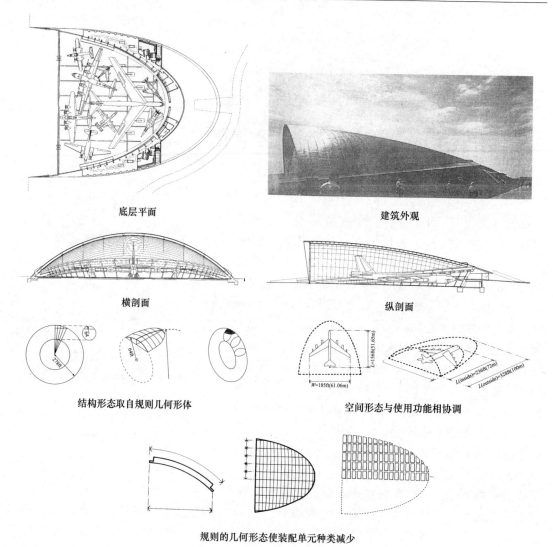

底层平面

建筑外观

横剖面

纵剖面

结构形态取自规则几何形体

空间形态与使用功能相协调

规则的几何形态使装配单元种类减少

图 4.14　英国 Duxford 的美国航空博物馆

Fig 4.14　American Air Museum in Duxford，England

　　从结构受力来看，还要求结构单元的组合要受力合理，尽量简洁。这就涉及多种结构形式的合理组合问题。合理的组合要与前述合理的切割相对应。组合的关键是，使各单元能够相互依存，形成稳定的整体，单元间接触面的形式要有利于力的传递。

　　同类单元的组合通常采用的都是对称形式，以保持平衡的结构体系。如建于公元 6 世纪的君士坦丁堡圣索菲亚教堂为典型的拜占庭式建筑，完全由砖砌筑而成。其巨大的中心穹顶与大小形态不一的多个壳体相结合，将推力向周围分散传递，构成了完整可靠的结构体系（图 4.15）。1957 年，坎迪拉（Felix Candela）设计的墨西哥 Xochimilco 薄壳餐厅，采用八块混凝土双曲壳体组合而成（图 4.16）。1958 年建成的、由卡米拉等（Camelot，De Mailly & Zehrfuss）设计的巴黎国家工业技术中心（CNIT）为三片混凝土箱形集合壳体组成的肋拱（图 4.17）。

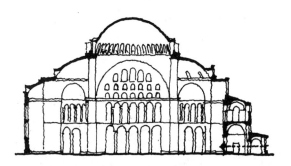

图 4.15 君士坦丁堡圣索菲亚教堂内部空间及剖面

Fig 4.15 Inner space and section of St. Sophia Cathedral

1993 年建成的东京辰巳国际游泳中心（Tatsumi International Swimming Centre，Tokyo）[①]，内设单边看台，整体结构由三种共五块裁切成不同大小的半圆筒壳相互组合（图 4.18）。筒壳为双层空间网壳，由钢管焊接而成。不同高度的筒壳间靠粗钢管连接。除两个半圆形大面积落地窗外，还利用筒壳不同高度的间距形成采光天窗。

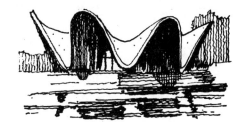

图 4.16 墨西哥 Xochimilco 薄壳餐厅

Fig 4.16 Xochimilco Shell Restaurant in Mexico

4.2.2 单一型结构的表现

这里所指的是以单一种类结构来构筑建筑。根据其受力状态可分为拉、压、弯三种主要类型（图 4.19）：

（1）受压型

如拱（Arch）和穹顶（Dome），曾是构筑传统大跨度建筑的重要手段，内部基本上保

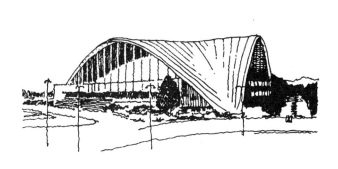

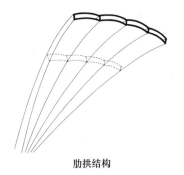

肋拱结构

图 4.17 巴黎国家工业技术中心

Fig 4.17 CNIT in Paris

---

① Tatsumi International swimming Centre, Tokyo, Sportställenbau und Bäderanlagen（sb），p17～19，1997（5）

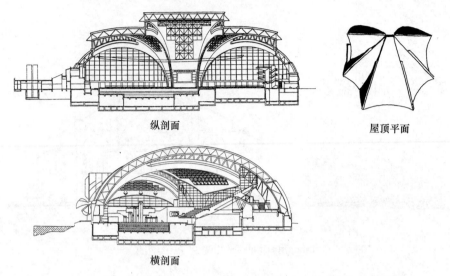

纵剖面　　　　　　　　　　　　　　屋顶平面

横剖面

图 4.18　东京辰巳国际游泳中心

Fig 4.18　Tatsumi International Swimming Center，Tokyo

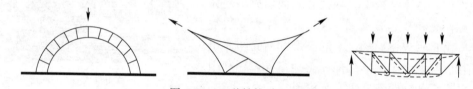

图 4.19　三种结构受力类型

Fig 4.19　Three types of structural bearing

持单一受压。拱或穹顶需直接或通过墙体和柱子间接将内压力传给支撑体，以平衡水平推力。这种提供水平推力的支撑体或是拉杆，或是大地本身。

（2）受拉型

如悬索结构和帐篷结构，完全依靠材料的抗拉而不抗压机制实现覆盖较大的空间。不过，作为整个结构体系一部分的支撑受压杆也是不可缺少的，也需要我们去设计。

（3）弯曲型

与受压受拉不同的是，弯曲型结构不需要支撑反力来维持结构稳定，其自身即可保持稳定的结构形态，如梁、板、屋架和平板式空间网架等。不过，其内部的受力情况就比较复杂了，存在拉、压和剪切、扭转等不同受力状态。

单一结构内部也可由不同的构件**复合**而成，如张弦梁和拉杆拱是由受拉和受压两部分构件组成。不过，为了与下面的**组合型**结构有所区别，在此特别要指明的是，这些有复合关系的构件自身无法成为稳定的独立结构单位，必须相互依存。

位于法国戴高乐国际机场附近的凯悦酒店（Hyatt Regency Hotel，建筑设计：Helmut Jahn et Jean-Marie Charpentier)[1]，于 1992 年建成。其中庭高 21m，跨度 34m，屋面采用了拉索与拱的复合结构，连接两侧翼楼（图 4.20）。类似的张弦梁都属于复合型结构。

① Hotel Hyatt Regency，Roissy，Techniques & Architecture，p54～55，1993（s）

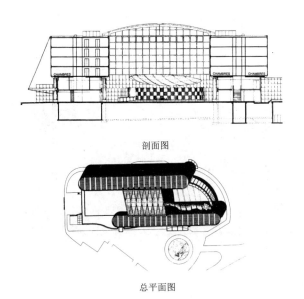

剖面图

总平面图

中庭内部

图 4.20　凯悦酒店

Fig 4.20　Hyatt Regency Hotel

4.2.3　组合型结构的表现

采用单一类型结构来实现较大跨度的情况，毕竟对建筑的表现力有所限制。穹顶、桁架、平板网架和悬索等结构形式，尽管它们自身各处于单一的承力状态，但若着眼于整个结构体系，把支撑结构也算在内的话，上述结构的受力状况也未必单纯。因此，结构的选型设计还应立足于多种受力结构（构件）的组合，以发挥各自所长，实现最优效果。

不同类型结构的组合体，从几何形态来分，有面-线结构、面-面结构、线-线结构。从力学形态来分，有拉、压、弯、剪结构的组合。

（1）弯曲型结构与弯曲型结构组合（弯-弯）

屋面由多级受弯的梁式结构组成，形如一般楼面的主梁与次梁。

在长轴方向设置一级承重结构，通常适宜采用张拉结构或受压为主的拱结构，而对于受弯型结构适宜布置在跨度较小的短轴方向。不过，对于体育馆比赛大厅的设计，选用桁架形式并布置在长轴方向却大有人在，如维也纳某冰球馆（Albert Schultz ice sports hall, Vienna, Austria）[1]（图 4.21）。从结构选型看，尽管这并不算优，但从使用功能看，这样布置可以赢得较为合理的内部空间，对此，笔者也是能够理解的。在具体操作时，桁架若能采用起拱形式，则与使用功能对内部空间的要求更加吻合。该实例表明，结构构思重在建筑空间形态。

日本和歌山体育馆（和歌山ビシグホェール）[2]，建成于 1997 年，设计规模 8500 席，其中大部分为可移动坐席（2980 个固定席，2072 个电动可动席，3448 个移动席）。结构方面，在纵向布置了巨大的钢桁架，形态模仿鲸的骨骼。更有趣的是，设计者在"鲸"的头

---

① Albert Schultz ice sports hall, Sportställenbau und Bäderanlagen（sb），p65～67，1997（5）

② 和歌山ビシグホェール，日经アーキテフチュア，p10～16，1998（1-12）

部布置一处喷泉，对屋面可起到冷却作用，且水源部分来自雨水收集，这样一来，既节能，又节水，还模仿了鲸的喷水，一举三得。然而，毕竟二者所处的力学环境不同，一个建于陆地，一个适合浮在水中，因此只能算是形似。这里，建筑造型意向的表达是适度的，毕竟结构构思的合理性更为重要（图 4.22）。

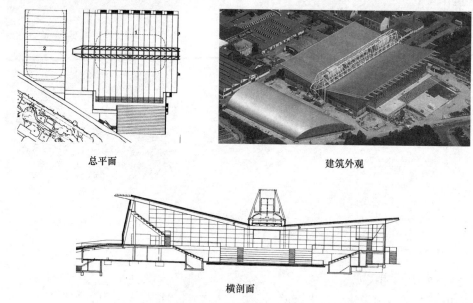

总平面　　　　　　　　　　　　　　　　　建筑外观

横剖面

图 4.21　维也纳某冰球馆

Fig 4.21　Albert Schultz Ice Sports Hall in Vienna

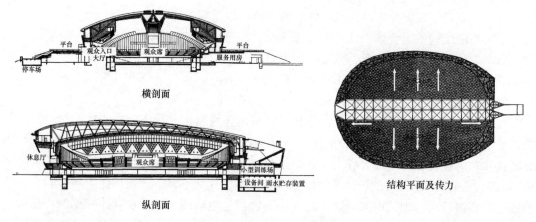

横剖面

纵剖面

结构平面及传力

图 4.22　日本和歌山体育馆

Fig 4.22　Wakayama Arena

（2）张拉结构与弯曲型结构组合（拉-弯）

如意大利的 Alta Savoia 体育馆[①]，屋面采用多榀曲线形空间桁架。由于外表追求曲线造型，与结构受力的合理性不符，桁架的跨中弯矩必然过大，因此，以桅杆加斜拉索结构

①　"Gymnasium" in Alta Savoia, Casabella（601），pii，1993（5）

与桁架组合，从而减小了屋架的自由长度（图 4.23）。

图 4.23　意大利 Alta Savoia 体育馆

Fig 4.23　Alta Savoia Gymnasium in Italy

澳大利亚的维多利亚无挡板篮球中心（Netball centre，Victoria，建筑设计：Graeme Law & Associates，结构设计：Peter Howarth，Ove Arup & Partners）[①]，大厅面积 80m×37m，可容纳四个并排的标准训练场地，或者一个正式比赛场地加 1400 个由计算机控制的活动坐席（computer-controlled tiered seating）。为打破矩形平面的沉闷，建筑师将附属建筑及屋面结构布置与平面主轴成 45°（图 4.24）。屋面结构采用由钢管焊接而成的拱形平面桁架，厅内无柱。其中跨度最大的四榀与斜拉索和钢桅杆组合成悬臂结构，出挑跨度不少于 54m，桁架梁的根部抵在格构型桅杆下部，拉索提供给梁的支点为距支撑桅杆一侧的三分点。斜交方向布置结构固然增加了跨度，但利用桁架上下弦高差做成的锯齿形屋面可构成朝向东南的采光窗，从而最大限度地减小了阳光直射。整个建筑在规则中求变化，赋予规模不大的体育建筑以动感，凭借高耸的桅杆和张紧的拉索获得力度表现。

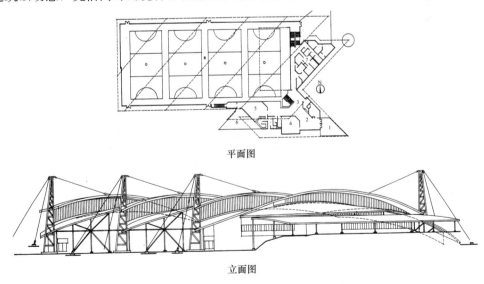

平面图

立面图

图 4.24　澳大利亚维多利亚无挡板篮球中心

Fig 4.24　Netball Center in Victoria，Australia

①　Julian O' Brien，Nets in the Court，The Architectural Review，p45～47，1995（12）

位于伦敦的西班牙语学校（London Spanish School，建筑设计：Dols Wong，结构设计：Bob Barton)[1] 为便于孩子们课间活动，建了一个小型风雨操场。尽管跨度仅有 17m，但建筑师和结构工程师还是尽量使结构尽可能地轻盈和纤细。考虑到它紧邻一座建于 19 世纪的砖结构修道院建筑，立面是拱形柱廊和砖墙，若采用全金属结构，可能会很刺眼，于是他们选用木杆件与铸铝节点构成的三角形截面拱桁架。桁架顶面覆盖透明有机玻璃作天窗，桁架间以透光的膜织物相联系，从而营造一个既可以满足内部照明，又可以看到树和天空的活动空间。桁架当中高且宽、两头尖，呈棱形，两端支撑在较细的钢管柱上，在屋架三分点上辅以拉索，并由柱顶支撑短杆及屋架延伸段提供平衡力，以此减小跨中弯矩。美中不足的是，索的外侧下端反力点位于钢柱的中部，使得柱子呈压弯的受力状态，因而不甚理想（图 4.25）。

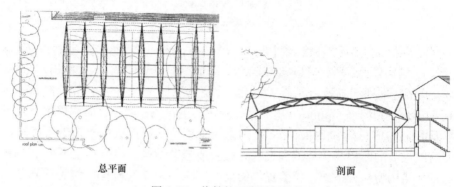

总平面 　　　　　　　　　　　　　　　　 剖面

图 4.25 伦敦的西班牙语学校
Fig 4.25 London Spanish School

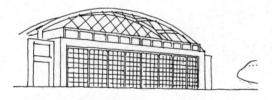

图 4.26 汉堡汉莎航空公司波音 747 机库
Fig 4.26 Hangar of Lufthansa for Boeing 747

（3）受压拱结构与悬挂结构组合（压-拉）

位于汉堡的汉莎航空公司波音 747 机库[2,3]（设计：GMP von Gerkan, Marg & Partner），用于大型波音 747 客机（Jumbo）的停泊和维修。该建筑通过两个联立的拱与拉索组合，使平板屋面实现了大跨度（图 4.26）。又如西班牙一上承式跨河步行拱桥（Pedestrian Bridge, Bilbao, Spain，设计：Santiago Calatrava)[4]，以单根钢管拱横跨河的两岸。由于桥面、索和拱构成了稳定的结构体系，索的分布和张拉与拱的形态配合准确，减小了拱内的次应力，维持了在通常荷载作用下的纯压状态，使看似单薄的钢管拱能够既富于形态变化，又实现了较大跨度（图 4.27）。还有另一座桥，是用两根交叉设置、互不相干的钢管拱与索组合构成结构承重体系（图 4.28）。

① Elegant intent—London Spanish School，The Architectural Review，p22～23，1997（12）
② Beispielhafle Flachdachlösung: Lufthansa Jumbo-Halle, Hamburg, Baumeister, p99, 1993（5）
③ John Zukowsky, Building for Air Traval，The Art Institute of Chicago, 1996
④ Pedestrian Bridge, Bilbao, Spain, The Architectural Review, p74～76, 1998（1）

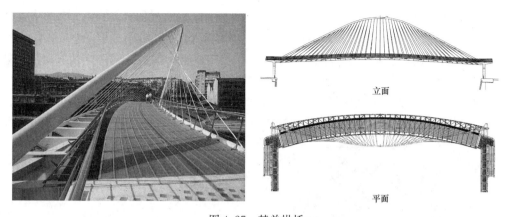

图 4.27　某单拱桥

Fig 4.27　A single-arched bridge

图 4.28　某双拱桥

Fig 4.28　A double-arched bridge

（4）受压拱结构与受弯结构组合

这种组合发挥了拱作为一级承重结构能够实现较大跨度的优势，再将受弯型结构（梁或网架）作为二级结构，布置在与拱相垂直的方向上，以跨越较小跨度。

英国某自行车赛馆即采用了桁架拱与桁架梁的结构组合（图 4.29）。1996 年新建的莱比锡交易展览馆（New Trade Fair，Leipzig，设计：GMP）[1] 以联排桁架拱与网壳相结合，通过点式连接铺设玻璃。该建筑晶莹透彻、形态雄劲，充分展示了现代结构技术在建筑造型中所起的关键作用，受到了各界人士包括业内人士的广泛赞誉（图 4.30）。

（5）张拉环形结构

轮辐式悬索结构是利用放射状张拉索与周边受压环梁组成的自平衡结构体系，已用于国内外多个体育馆的设计，以我国 1961 年建成的北京工人体育馆最为典型（图 4.31）[2]。

近年来，国外已利用这一机制，建造了大型体育场挑篷。从结构受力来看，已不是"挑"

①　Glas und Statik，Werk，Bauen＋Wohnen，p20～29，1997（1-2）

②　插图引自 彭一刚，建筑空间组合论，p147，中国建筑工业出版社，1983 年，北京

出的，而是"拉"成的，如吉隆坡体育场①（图4.32）。斯图加特体育场②的改建设计则更为别致。该体育场建于1933年，为单层看台。通过改扩建，相继增加了上层看台和挑篷。加建的挑篷完全是自承重形式，不增加原有看台的结构负担。挑篷结构采用张拉索结构，上覆膜屋面。其特点在于，一方面，把通常的内部受拉环由双环改为单环，而外圈受压环变为双环；另一方面，把圆形平面改为椭圆形，以适应体育场的平面布局（图4.33）。改建工作于1993年初完成，并在当年举行的世界田径锦标赛中发挥了作用。

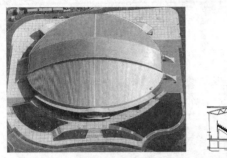
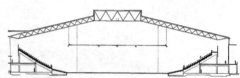

图4.29　英国某自行车赛馆

Fig 4.29　A cycling hall in Britain

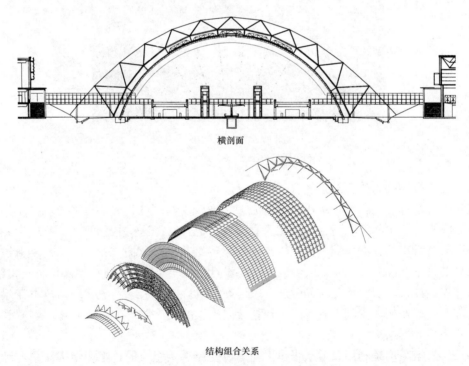

横剖面

结构组合关系

图4.30　莱比锡交易展览馆

Fig 4.30　New Trade Fair in Leipzig

---

①　Stadion und Schwimmstadion in Kuala Lumpur, Sportställenbau und Bäderanlagen（sb），p100，1997（2）

②　Gottlieb-Daimier-Stadion in Stuttgart, Sportställenbau und Bäderanlagen（sb），p95～96，1997（2）

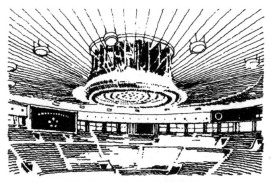

图 4.31　北京工人体育馆

Fig 4.31　The Labor Arena in Beijing

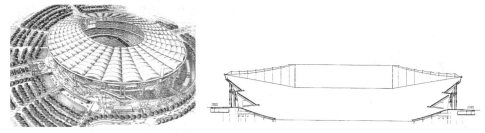

图 4.32　吉隆坡体育场

Fig 4.32　Stadium in Kuala Lumpur

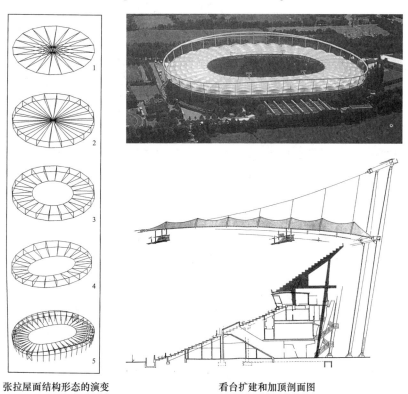

张拉屋面结构形态的演变　　　　　看台扩建和加顶剖面图

图 4.33　斯图加特体育场加顶改建

Fig 4.33　Stadium extension project with roof addition in Stuttgart

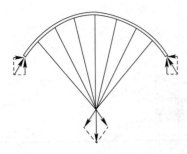

图 4.34　不完整的轮辐结构实现
力的平衡

Fig 4.34　Equilibrant of cut wheel

　　参照上述完整的轮辐结构，还可以设计不完整的轮辐结构，通过设置平衡索，使截断后形成的拱结构端部压力得到平衡（图 4.34）。斯图加特某矿泉浴场（图 4.35），为使单层玻璃网壳纵向每隔一定距离得到加劲，即采用张拉拱形加劲肋，使结构避免了通常较大的加劲肋拱，内部视觉空间得到了扩展。新建的莱比锡邮政银行（Neubau für die Postbank in Leipzig）[1]，其中庭即采用以不完整的轮辐结构形成的拱形屋面（图 4.36）。卢浮宫的中庭在加顶改建时也使用了这一加劲技术[2]（图 5.72），还有汉堡博物馆的内庭院加顶（图 5.73）。

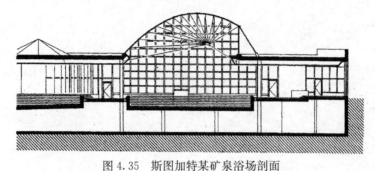

图 4.35　斯图加特某矿泉浴场剖面

Fig 4.35　Section of a mineral bath in Stuttgart

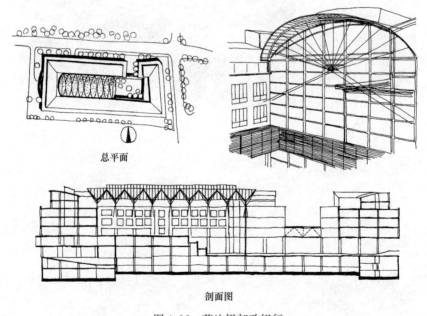

总平面

剖面图

图 4.36　莱比锡邮政银行

Fig 4.36　Post Bank in Leipzig

①　Neubau für die Postbank in Leipzig, Baumeister, p85～90, 1995（9）
②　Super Louvre, Baumeister, p6～7, 1994（1）

（6）高耸抗侧力结构与竖向承力结构组合（剪-弯）

高层建筑和高耸构筑物主要是克服水平风荷载及水平地震作用，而竖向重力和竖向地震作用为次要作用。因此，这类建筑形态的确立须着眼于抵御水平力的作用。对于这样的固定于底部的"悬臂梁"式结构，要考虑抵抗剪力与弯矩的共同作用。以承担竖向作用的框架结构与承担水平作用的剪力墙相结合，便组成了高层建筑的剪-弯组合结构体系（图 4.37）。

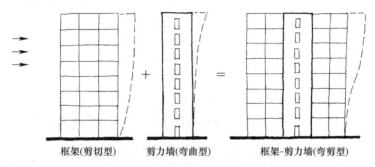

图 4.37　高层建筑的剪-弯组合结构体系

Fig 4.37　Shear-bend composite structural system of high-rise building

4.3　以结构的力学规律作为建筑表现

4.3.1　完善的结构体系

结构体系的完整性对复杂体形尤为重要。由于超静定的存在，某些情况下会掩盖结构的不合理性。有时，结构整体设计的不合理（如结构选型不当），会使个别部位的内力过分集中或位移变形较大，但设计者往往只会就事论事，进行局部的调整或加强，却忽略了整体结构在总体设计上就存在着缺陷。倘若结构设计者在设计中仅仅是配角的话，就更无法进行宏观上的修正。很多结构上并不合理的建筑往往就是这样产生的。

建于 1998 年的科隆体育馆[①]（建筑设计：Hubertus Adam）可以说其结构体系做到了既完善合理又简捷清晰。该建筑面积为 84000m²，巨大的整体屋面通过多道钢索悬挂于矢高为 76m 的巨型钢拱之下。侧向稳定问题是单拱的弱点，而跨中弯矩较大是大跨度屋面所要解决的问题。通过八字形斜拉索将二者连接起来，既解决了前者的侧向稳定问题又为后者增加了多个跨内支撑，可谓互惠互补。屋盖周边直接由诸多内倾的钢柱予以支撑，柱间逐一设置了稳定拉索，使周边支撑构成整体，并且对看台顶部兼作屋盖竖向支撑的传统模式有所改进。通透的玻璃幕墙使大厅与外部空间的联系一览无余，所有的结构关系也暴露无遗，整个结构的受力体系非常完备却又毫无累赘之感（图 4.38）。

与此相反，对于结构体系完善性缺乏足够的认识，会给建筑师建筑方案的实现带来麻烦。如上海浦东国际机场航站楼（建筑设计：Paul Andreu），在方案中标之后，才发现部分屋面索桁架结构两端支撑均为向外倾斜的柱，结构并不稳定，是机动的。其实，只要稍具结构知识的人就可一眼看出，可惜到结构落实阶段才被发现。不可思议的是，建筑师本

---

① Edgar Haupt，Eine Frage des Maβstabs—Kölnarena von Peter Böhm，Baumeister，p7，1998（11）

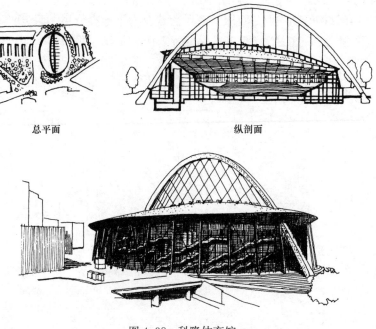

总平面　　　　　　　纵剖面

图 4.38 科隆体育馆

Fig 4.38 Colon Arena

人曾是结构工程师出身，出现如此失误实在令人费解。后来采取多根斜拉稳定索固定于两个柱墩上加以解决，然而却失去了初始方案的通视感（图 4.39）。又如汉城新机场方案（建筑设计：Fentress Bradburn，BHJW）[1],[2]（图 4.40），候机楼屋面采用索桁架结构，两边支撑在独立柱子上，且一边是倾斜柱，将使屋架产生水平位移趋势，存在约束不足的问题。好在方案阶段，即加上了两道稳定斜拉索，而且索设置的方向与偏斜位移趋势相抵，实现了平衡。看来设计者是有所考虑的。

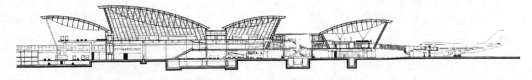

图 4.39 上海浦东国际机场航站楼

Fig 4.39 Pudong International Air Terminal in Shangjai

然而，完善的结构体系并不能意味着建筑形象的完整，有时合理的结构却不一定能给人带来视觉形象的稳定与完整。在几何形态方面，三角形尽管是稳定形，但在视觉上却不能始终带来稳定感觉；四边形尽管可变，却成为建筑平面和日常用品的主要形态。如正三

① The New Seoul Metropolitan Airport Main Passenger Terminal，Architectural Design（AD），p50～53，1994（5-6）

② New Seoul Metropolitan Airport，Progressive Architecture（PA），p25，1993（3）

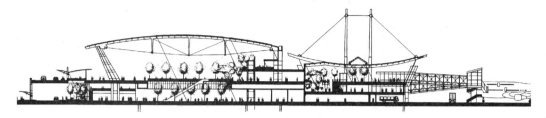

图 4.40　汉城新机场方案

Fig 4.40　Project for New Air Terminal in Seoul

棱锥与正四棱锥，尽管侧面都取自三角形，但从
立面效果看，正四棱锥从各个角度看上去均对
称、稳定，而正三棱锥除个别特殊方向外，大多
呈偏斜之势，有不稳定感（图 4.41）。古埃及金
字塔及我国秦始皇陵，底面均采用正方形是有其
形态方面成熟的考虑的。从结构形态来看，三足
鼎立固然可保持稳定，但这却是最基本的、不能
再少的稳定条件。以此构筑建筑固然合乎力学上
的合理，但若将其作为建筑形象的主体，则要慎
重考虑。如上海的东方明珠广播电视塔，采用三
个侧面相连混凝土筒，下部加三根斜撑，结构体

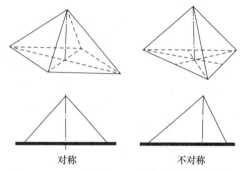

| 对称 | 不对称 |

图 4.41　正四棱锥与正三棱锥的视觉稳定感

Fig 4.41　Visual Stability of quadrangular
and triangular pyramid

系是完善合理的，但由于上下设置了两个巨大球体，且大大超出了三个筒体构成的轮廓线，
沿三角形的边线方向看去，上球的重心偏置，形成不稳定感，下球好在靠近斜撑而不觉明显
（图 4.42）。后来，在雅加达电视塔的方案设计中，尽管也采用了三根筒体，但上部集中的主
要形体控制在结构轮廓线之内，在形象稳定方面大为改观（图 4.43）。

图 4.42　上海东方明珠广播电视塔

Fig 4.42　Shanghai Television Tower

图 4.43　雅加达电视塔方案

Fig 4.43　Djakarta Television Tower

4.3.2　合理的结构形态

　　结构在形态上的表现是否真实地表达了结构受力的实际情况是我们评价其是否合理的标准。

　　从受弯构件来看，悬臂梁的弯矩根部较大，若采用变截面，根部理应较高一些；简支梁的跨中弯矩较大，跨中截面自然可以做得比支座处更高。从受压构件来看，出于压杆稳定的考虑，只能做得较为短粗，又以中间粗两端细为合理形式。这些非常基本的形态构成原理往往在复杂和重要的建筑物设计选型上发挥决定性作用。如电视塔、超高层建筑及大跨度屋面结构和桥梁等，其外表形态与结构的弯矩包络图是何等的相似（图 4.44）。这种合理的截面变化若运用得当，对建筑的表现会有极大帮助。让·努维尔（Jean Nouvel）设计的瑞士卢塞恩文化会议中心（Centre de culture et de congrès de Lucerne）①，巨大的挑篷与广阔的湖面相映衬，显现出作者独特的设计风格。挑篷边缘既薄又平直，从视觉上给人带来高技术的悬念感，但从结构剖面来看，悬臂从边缘到根部是逐渐加厚的，且有多条加劲肋梁，形态符合力的分布（图 4.45）。这种巧妙地运用结构形态与视觉的关系，使建筑与结构在此找到了共同点。

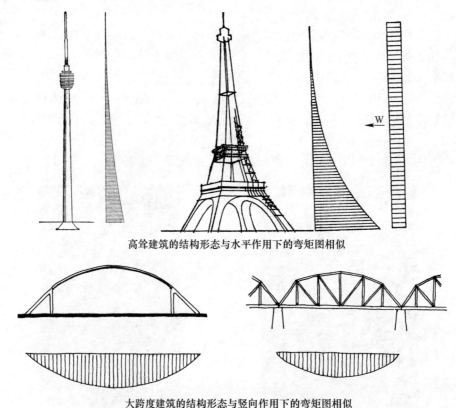

高耸建筑的结构形态与水平作用下的弯矩图相似

大跨度建筑的结构形态与竖向作用下的弯矩图相似

图 4.44　各类建筑外部形态与结构弯矩包络图的相似性

Fig 4.44　Similarity between building structural form and bending moment diagram

---

①　Kultur und Kongresszentrum Luzern，Werk，Bauen＋Wohnen，p2～37，1998（9）

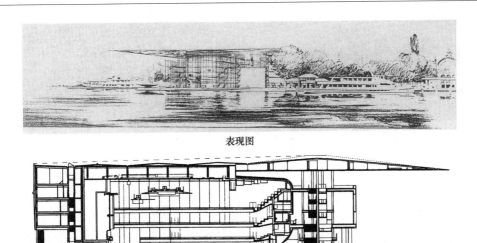

表现图

剖面图

图 4.45　瑞士卢塞恩文化会议中心

Fig 4.45　Cultural and Conference Center in Lucerne

奈尔维（Nervi）在巴黎联合国教科文组织总部会堂[1]的设计中，将混凝土折板的截面设计与框架结构的静力弯矩图恰当地结合起来，通过调整屋面加劲板的位置，使它始终处于截面的受压区（图 4.46），整个结构保持了最佳的受力状态。

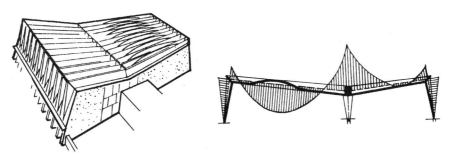

图 4.46　巴黎联合国教科文组织总部会堂结构

Fig 4.46　Structure of the UNESCO Conference Hall in Paris

以恰当的结构形式作为建筑表现，可以体现出非常强烈的现代感。如伦敦滑铁卢火车站（Waterloo International Terminal in London）[2,3] 是由一系列平面拱结构经纵向联系而成。其结构单体是基于三铰拱原理。但是由于设计者在手法上有意打破了对称形式，使得

---

① P·L·奈尔维著，黄运升译，周卜颐校，建筑的艺术与技术，p40，中国建筑工业出版社，1981年，北京

② Waterloo International Terminal in London，Baumeister，p22，1995（9）

③ Serpent de Verre—Gare ge Waterloo，Londres，Techniques & Architecture（420），p82～87，1995（8）

两跨跨度相差悬殊，从而导致了长跨以受弯为主，短跨则以压弯为主。这样一来，反而使得结构技术表现有了用武之地。结构采用索桁架形式，对于长跨，将索布置于屋架下弦；对于短跨，则将索布置在受拉的外侧，与内力分布形态完全一致。各榀结构的跨度和走向随路轨的交叉和蜿蜒而逐渐变化，部分屋面覆以玻璃。由于从整体结构到细部构造都作了细致的考虑，结构形象简捷明快，使整个建筑极富表现力（图 4.47）。

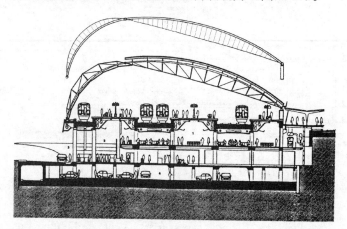

图 4.47   伦敦滑铁卢火车站屋面结构及弯矩图（屋盖形象虚实变化源于结构受力的转变）

Fig 4.47   Roof structure and bending moment diagram of Waterloo Railway Terminal in London

又如 GMP 设计的柏林火车站方案[①]，拟采用单拱形式，最大跨度 50m。由于在结构形式上作了修饰性变化，端部呈内收形式，加之矢跨比较小，在通常的竖向荷载作用下，弯矩作用明显。有鉴于此，设计采用索桁架形式予以加强，其布置形式与弯矩图一致。这也是尊重结构并加以合理表现的又一实例（图 4.48）。而已建成的热那亚地铁车站（Brin Station, Genoa，建筑设计：Renzo Piano Building Workshop）[②]，拱的形态与之相似。方案设计时，截面的变化对结构也较有利，但在实施时，却改为等截面，有欠合理。不过，鉴于其跨度仅为 15m，并无大碍（图 4.49）。

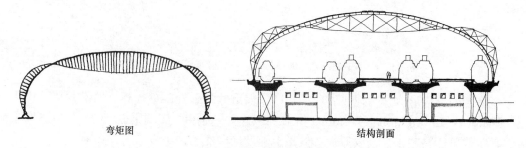

弯矩图   结构剖面

图 4.48   柏林火车站方案

Fig 4.48   Project for Metro Station in Berlin

---

①   GMP von Gerkan, Marg & Partner, Lehrter Bahnhof, Berlin, The Architectural Review, p47～49, 1999 (1)

②   Brin Station (Genoa Subway), Genoa, Italy, Renzo Piano Building Workshop, GA (28), p60～67

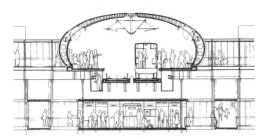

车站横剖面(方案)

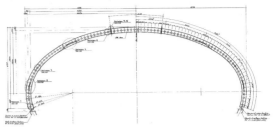

拱结构剖面(实施)

图 4.49　热那亚地铁车站

Fig 4.49　Metro Station in Genoa

　　结合结构内力分布而做的形态调整往往会使原本形态简单平稳的结构富于活力。建于1995 年的荷兰鹿特丹地铁车站（建筑设计：Lazlo Vaakar 等）[①]，位于地上、地下轨道交通的交会点。建筑师采用高大完整的桁架拱作为承力结构兼作建筑形象表现。拱截面呈三角形，由三根钢杆加缀条组成，跨度 62.5m，矢高 18.5m。拱下悬挂一倾斜的圆形屋盖，直径 35m，罩住地下通道入口。拱与屋盖组合，构成一个稳定的结构体系。更为巧妙的是，设计者谙熟拱的内力分布，这表现在，由于拱的荷载主要来自屋盖的偏置集中力，使拱内产生正负弯矩，且在拱的两侧出现弯矩为零的反弯点，于是将三根杆中的一根由外侧经该点转向内侧，使得弯矩所产生的内部附加压力始终由三根杆中的两根承担，而附加拉力则由第三根承担。这样一来，通过截面形式的变化既改善了拱形建筑的形象，又可使结构的内在规律得以生动、合理地反映（图 4.50）。

　　图 4.47、图 4.48 及图 4.50 的实例，对屋盖结构所做的虚实变化与细部形象处理，皆源于受力状态的转变。形象与本质存在着必然的因果关系。建筑形象顺应了这一关系，从而获得了成功。

---

　　① 　Figure de Liaison—Station de tramway，métro，Rotterdam，Techniques & Architecture（420），p88，1995（8）

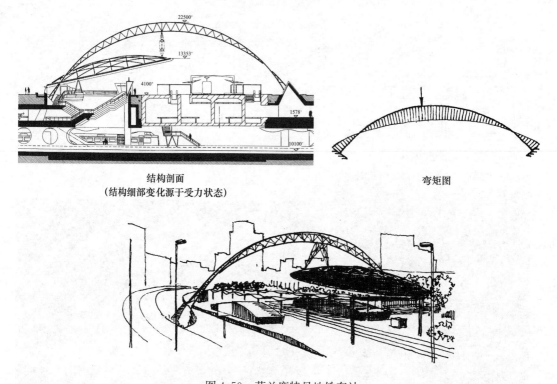

结构剖面
（结构细部变化源于受力状态）

弯矩图

图 4.50　荷兰鹿特丹地铁车站
Fig 4.50　Metro Station in Rotterdam

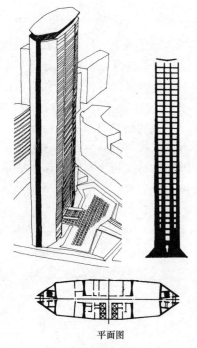

平面图

图 4.51　米兰比勒利大楼
Fig 4.51　Pirelli Skyscraper in Milan

4.3.3　恰当的结构布置

　　尽管结构选型很重要，但由于多数建筑的结构并不复杂，无论结构工程师承认与否，结构选型工作基本上已由建筑师在方案成型时顺便完成了。在具体结构设计时，要对建筑做较大改动（如导致建筑外形显著变化和主要功能的明显削弱）基本上不可能。这样，结构布置才是结构工程师着手进行工作的第一步。结构布置基本上是在建筑方案已定、初步设计开始的阶段进行的。既然满足建筑功能需要是结构设计的一个重要目的，那么，留给结构工程师可以发挥的余地就十分有限。尽管如此，仍然值得我们在结构的表现上下一番功夫。关键在于结构布置得是否巧妙。

　　1960 年建成的、由建筑师朋蒂（Gio Ponti）与奈尔维合作设计的米兰的比勒利大楼（Pirelli Skyscraper）为混凝土结构，共 33 层，高 126m。考虑到板式高层的横向侧向刚度弱，在结构布置时，采用八个沿竖向变截面混凝土抗侧力构件，其中四个是位于端部的三角形筒体兼作楼梯间，另外四片混凝土墙分两组布置在中部，既成就了内部的大空间，又满足了结构的抗侧力要求（图 4.51）。

德国某大楼（建筑设计：J. Stirling & M. Wilford）[1] 体形采用了弧形。尽管这一造型纯属建筑形态的考虑，但客观上为结构布置的合理性创造了条件。大楼底层架空，以适应坡地，采用的是单排倒置混凝土锥形体，这给结构的整体侧向稳定带来了极大的不利。但是，由于弧形的建筑造型，使得这些锥形支撑不在一条直线上，使侧向稳定问题迎刃而解（图 4.52）。

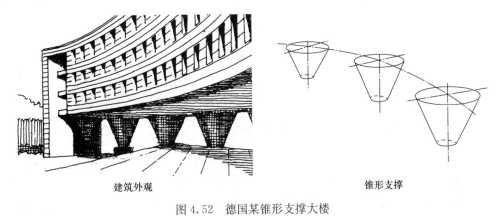

建筑外观　　　　　　　　　　　　　　　锥形支撑

图 4.52　德国某锥形支撑大楼

Fig 4.52　Building with conical support in Germany

日本某大楼部分建筑的下部为架空形式。为尽量减少结构占地，架空部分采用圆柱构成的 Y 形支撑结构，支撑结构这种上部作放大的处理方法，既解决了支撑的稳定有效，又体现了简洁明快的结构形象（图 4.53）。

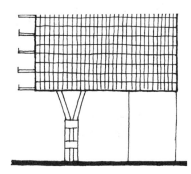

图 4.53　日本某 Y 形支撑大楼

Fig 4.53　Building with Y support in Japan

4.3.4　结构变形趋势的利用

结构在力的作用下会产生相应的变形。这种变形会使人产生心理上的联想，从而影响到结构形态的和谐美感。如梁在重力作用下会产生向下的挠曲，如果梁上堆了大量重物，即使结构自身变形微乎其微，也会产生心理上的下凹趋势。克服这一心理感觉的有效手段就是在形态上将结构设计为上凸的形式，这样一来，既在形态上有了抵御这种变形的机制，又在心理上实现了变形趋势的平衡（图 4.54）。

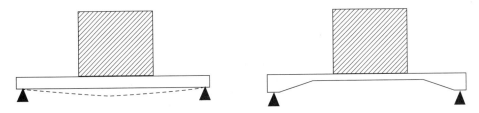

图 4.54　结构变形与心理平衡

Fig 4.54　Structural deformation and psychological equilibrium

① James Stirling, Werksanlage in Melsungen, Baumeister, p22～26, 1993（4）

　　鹿特丹斜拉桥[①]的形态设计即充分利用了这一特点，桥塔有意设计成折线形，形态上与成排的众多承重斜拉索的张拉趋势相抵。另一侧的两根平衡索，由于外形上明显较粗（实际也确实需要），既实现了结构的平衡，也实现了视觉心理的平衡，从而在合理与美观之间实现了平衡（图4.55）。这中间体现出的和谐与美观才是真实可信的。

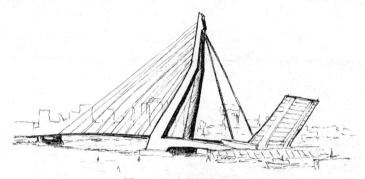

图 4.55　鹿特丹斜拉桥
Fig 4.55　Cable stayed bridge in Rotterdam

　　奈尔维在设计布尔哥纸厂厂房[②]时，将两侧混凝土塔的倾斜形式设计成与索的向内拉力方向相抵，同样实现了视觉心理的平衡（图4.56）。若反其道而行之，则效果不佳。如瑞典某体育场[③]挑篷结构通过混凝土塔与单边拉索实现。由于塔是向着拉索的方向倾斜的，反而加剧了视觉上的不平衡感（图4.57）。

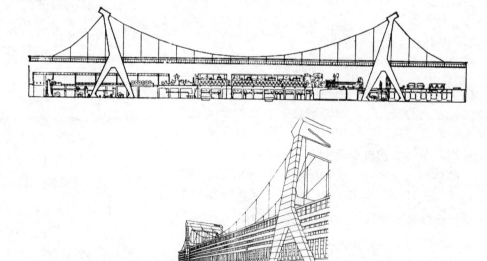

图 4.56　奈尔维设计的布尔哥纸厂厂房
Fig 4.56　Paper mill building designed by Nervi

　　①　Henrik Rundquist，DEN FLYGANDE VÄGEN，Arkitekture，p5，1997（2）
　　②　P・L・奈尔维著，黄运升译，周卜颐校，建筑的艺术与技术，p77，中国建筑工业出版社，1981年，北京
　　③　Sportställenbau und Bäderanlagen（sb），p74，1997（2）

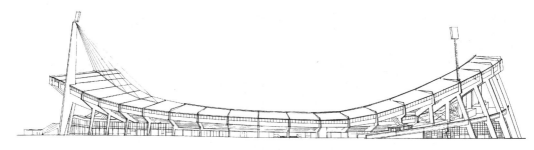

图 4.57 瑞典某体育场挑篷结构

Fig 4.57 Cantilever roof structure of a stadium in Sweden

4.4 模拟自然界的结构形态作为建筑表现

自然界是人们构筑结构形态最好的老师。人类对结构规律的认识源于对自然现象的观察与总结。运用形象思维与逻辑思维相结合的方法，把握各种结构现象的本质和规律，进而创造新的结构形态，这正是我们研究和设计结构形态的重要途径。

4.4.1 非生物形态

自然界的许多没有生命的物质形态和现象却时常能给我们带来生动的、富于变化的形态，从看得见的宇宙天体，到摸得到的奇石异物，从宏观的地形地貌，到微观的晶体结构，

这些物质现象之所以存在，其背后总是存在着一定的成因，即稳定的结构形态必然反映合理的力学规律。通过分析外在形态与内在规律的联系，我们就能获得启示，创造出新颖合理的结构形态（图 4.58）。

图 4.58 非生物形态

Fig 4.58 Abiological morphology

古埃及金字塔的形象是山体形态的抽象的、规则化的体现；传统的窑洞与天然洞穴之间有着结构本质上的相同点。美国著名的结构大师富勒（Fuller），为了描述他所提出的张拉整体结构概念，将其表述为"受压的孤岛存在于拉力的海洋中"，因为他受自然界的启发，认为宇宙天体的运行中，万有引力是一个平衡的张力网，星体就是网中的一个个孤立点，且这种平衡运行的体系是无边界的。总之，自然界的物质形态能够不断地给我们以新的启迪，我们应善于观察、发现和总结。

图 4.59 生物形态

Fig 4.59 Biological morphology

4.4.2 生物形态

生物形态是生物体适应生存条件，不断调整进化的结果。由于适者生存，成功的物种必然具有能够正确反映环境条件的结构形态。从贝壳和竹节身上，我们都能找到合乎自然规律的结构形态，进而应用在建筑结构设计中（图 4.59）。仿生建筑过去曾经出现过一些，但大多局限于外观模仿，而探求其结构实质的上佳之作并不多见。

生态建筑最初是要人们向生物界的自然形态学习，以丰富我们的建筑形象。随着可持续发展问题的提出，如今人们所希望的生态建筑不仅应具有形式上的意义，还应具有功能方面的作用，希望建筑也能具有合理的循环系统，

以最小的能耗去最大限度地适应自然环境，以期实现与自然环境的协调。

4.4.3　人体形态

　　人体按理说是生物形态的一种，应该在上文一并讨论，但由于我们人类自身对其更为熟悉，这对我们的启发性更为直接。在对结构形态作概念性设计的时候，人体的各种形态可以帮助我们进行形象化的思考，以确定较为合理的结构形态，而且事实证明，许多优秀设计也正是以此为蓝本。如赫尔佐格设计的德国某工厂厂房（Wilkham Factory, Bad Münder)[①]（图 4.60）及卡拉特拉瓦设计的里昂机场铁路客运站[②]（图 4.61）。

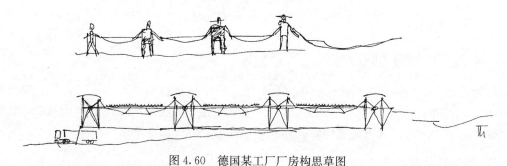

图 4.60　德国某工厂厂房构思草图

Fig 4.60　Sketch of Wilkham Factory building designed by Herzog

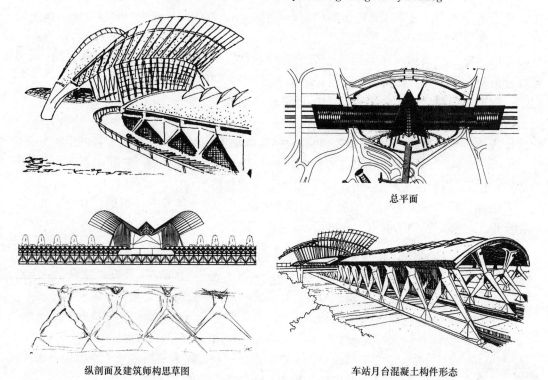

总平面

纵剖面及建筑师构思草图　　　　　　　车站月台混凝土构件形态

图 4.61　里昂机场铁路客运站

Fig 4.61　Railway Station in Lyon Air Terminal

---

① Fitting Factory, The Architectural Review, p24～29, 1994 (1)

② Gare TGV de Lyon-Satolas, Techniques & Architecture (419), p66～70, 1995 (5)

尽管人体形态可以帮助我们进行结构形态问题的思考，在一定程度上丰富我们的想象力，但该方法只是一种协助设计者进行结构合理性判断思维的形象化方法，毕竟简单直观，比较初级。

此外，需要说明的是，生物的生存条件和生活方式同一般意义上的建筑毕竟有很大差别。如动物形态中的许多特点是为了更适合运动，它对机械领域的启发性要比建筑领域更强；植物形态中的一些特点是借助一定的柔度和容许较大变形来化解外部作用、减小不利反应，而建筑由于功能要求和材料性能要求，其适应能力则十分有限，离真正意义上的智能性建筑结构还相去甚远。因此，我们所要掌握的是针对特定功能条件的生物形态的表现，找出相应的本质特征，而不可泛泛而谈。

4.5 以结构的细部作为建筑表现

4.5.1 适当的构件利用

一方面，结构构件既要满足结构受力要求，又不能影响建筑的主要使用功能。另一方面，经过合理的形态变化，结构构件同样又能作为赏心悦目的装饰构件。其关键在于既美观又合理。哥特式教堂的束柱，既扩大了截面面积又在视觉上强化了细长感，一举两得。外侧飞扶壁既是传递结构推力的有效构件，又丰富了建筑的外轮廓，其曲线形式与内部尖券相照应，在形式美方面也是合乎逻辑的表达（图 2.12）。

构件形式也可打破常规做法，以结构技术的实际需要，将必要的材料进行组合，实现具有技术表现力的结构构件。如受压杆不一定要做成较粗的整体的实腹式杆件，而可采用较细的杆件与索组合。这样，无论从力学上，还是形态上，都能满足对受压杆件的要求，而且还起到了增强表现力度的效果（图 4.62）。

4.5.2 精美的节点连接

结构构件间的联系靠节点来完成。无论是传统木结构的榫卯连接，还是现代网架结构的球节点，都发挥着重要作用。作为结构技术的一种表现手段，节点构造往往是人们视觉的焦点，是制作粗糙还是加工精美，直接反映出建筑的水准，值得我们着力关注。现代建筑中，对构件的精美情有独钟的设计大师首推密斯（Mies Vander Rohe）。他设计的钢结构，即使对普通的角柱节点也要作刻意的表现。他所热衷的玻璃盒子，其主要目的即在于将结构明确无误地展

图 4.62 一种组合压杆形式
Fig 4.62 Form of a build-up post

现给观众。尽管他的某些做法受到了非议，但这一技术表现的思想精髓数十年来却始终贯穿在后来者的设计实践中，被人们冠以"高技派（High-tech）"的设计作品层出不穷。

赫尔佐格设计的汉诺威国际展览中心第 26 号馆[①]，完全采用了技术构成的手法。这不仅体现在设计者运用现代技术手段来解决建筑的环境与可持续发展问题，也不仅体现在结构技术在整个建筑造型中所起的关键作用，从细部构造来看，作者也是别具匠心的。如钢柱

---

① Messehalle in Hannover，Werk，Bauen＋Wohnen，p13～17，1997（9）

与底部支撑间的铰支座连接明确无误，而且显然是作了刻意的表现（图 4.63）。又如大阪关西国际机场航站楼[①]（建筑设计：Renzo Piano），除了整体造型的独特之外，结构构件和节点的设计也是十分讲究。大厅内的支撑斜杆制成梭形，既有利于压杆稳定，又体现了单向受力形态。梭形支撑斜杆的端部表面做出几个凹陷，形态上刻意强调了截面的减小，铰支座的表达也准确无误（图 4.64）。

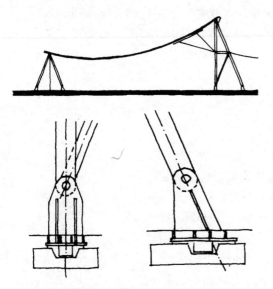 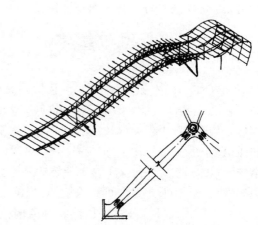

图 4.63　汉诺威国际展览中心第 26 号馆结构　　　图 4.64　大阪关西国际机场航站楼
示意图及柱底铰支座　　　　　　　　　　　　　屋架结构及支撑斜杆

Fig 4.63　Hannover EXPO Hall No. 26　　　Fig 4.64　Kansai International Airport
Sketch of structure and hinged support　　　　in Osaka Roof structure and support bar

4.6　建筑设计各阶段的结构表现

　　对于大型公共建筑的设计，国际通行的做法是采用设计方案招标竞赛。方案设计阶段，以建筑师的设计构思为中心，辅以技术方面的咨询，提交正式方案。中标后的技术设计和施工图设计，则是在建筑师的主导下，由建筑师、结构工程师和系统工程师三方协作完成。

　　尽管结构是建筑设计中所要考虑的一部分内容，但对大型建筑，如超高层建筑和大跨度建筑，结构方面的思考则贯穿于每个主要的设计阶段，结构都有机会参与设计的决策。介入的深浅则视建筑造型与结构形态关系的密切程度。

4.6.1　方案构思阶段

　　建筑设计方案中，建筑与技术的矛盾，特别是与结构的矛盾问题广泛存在于各类建筑的国际设计竞赛中，而且规模越大、功能越复杂，问题越突出，但这些并不会影响优秀方案的遴选。即使是中标方案，在保持原有设计理念的基础上作多次甚至大幅度修改才最终完善的例子并不鲜见。

① 　関西空港，新建築，p133～148，1994（8）

　　许多建筑师，在方案构思阶段即利用技术、特别是结构技术作为造型手段。如前面提及的大阪关西国际机场（Kansai International Airport），由意大利建筑师伦佐·皮亚诺（Renzo Piano）提供的建筑方案中标[①]（图 4.65a）。该方案多变的曲线外形引人注目，空腹钢架的技术构思也很有保证，而且将绿化引入建筑内部的大胆设想体现了内外空间在视觉上的沟通。尽管另一个由英国著名的 Foster Associates 提供的方案也富于创意，张拉结构的技术表现也有新意，却未被选中[②]（图 4.66）。然而中选方案在后来的修改中，取消了中间绿化，前后联成一体，强调了内部空间的完整，外部流线型的曲线也更加连贯流畅。主体结构采用三角形截面的空间桁架加 V 形支撑，附属结构采用单边落地的拉索钢管拱（图 4.65b）。从方案的修改到确定，结构形态的表现始终伴随着建筑师的创作。

　　香港汇丰银行的高技术形象给人们留下了深刻的印象（图 4.67），但其方案的确定却经过了很多调整。在设计竞赛中，业主要求在新大楼的施工中，建于 1935 年的老银行营业大厅仍能保持运作。由 Foster Associates（建筑）与 Ove Arup & Partners（结构）合作的悬挂结构方案中标[③]。该方案通过两侧混凝土筒体支撑三个有两层楼高的桁架，各楼层依次悬挂其上（图 4.67a）。后来，由于修复了一幢附属建筑，解决了营业场地问题，使得保留原有大厅变得不必要，但是，悬挂结构方案仍被保留下来，因为这样既可提供底层活动场地，以展示良好的公众形象，又可以提高楼层面积的利用率。建筑师设计的出发点就是要通过技术手段来表达建筑意图，因此，方案又对结构形式进行了多次推敲，如减小混凝土筒体、重新设计处于桁架中间使用不便的空间、以 V 形悬挂结构代替水平桁架（图 4.67b），还有，以钢柱代替混凝土支撑、采用多重 V 形悬挂结构（图 4.67c）等。然而，建筑立面上的 V 形却无法被接受，因为根据当地的"风水"（fung-shui）习俗，那象征着钱要流尽（down the drain）。随后，方案又改为"外套悬挂"（coat hanger）方案（图 4.67d），并以钢柱来支撑悬吊桁架和竖向悬挂结构，这才使方案最终确定下来（图 4.67e）。

　　Foster Associates 在设计斯坦斯特德机场候机楼时，对以 V 形支撑为主体的结构形态也作了多次修改（详见第 5 章及图 5.38）。

　　小沙里宁在 20 世纪五六十年代设计纽约肯尼迪国际机场的环球航空公司航站楼（TWA Terminal）时，方案设计也经历了一定的调整过程[④]（图 4.68）。最初曾设计为曲面富于变化的整体壳体支撑于四个脚上（图 4.68a），后来又修改为具有四个拱起的连续壳体（图 4.68b），通过对结构的细致思考，最终将其分割为多瓣壳体（图 4.68c），以条状天窗打破了整块壳体带来的沉闷，并根据结构工程师考虑壳体动力性能的要求，以肋梁镶边，增加了形态的稳定。外部形态的有机变化与内部连成一体，加上夸张变化的支腿，使建筑更显出展翅欲飞的动感。作者在抽象与形象、理性与感性之间作了恰当的把握，虽曾受到非议，但作品还是经得起时间的考验的。

---

　　① Il Terminal passeggeri del Kansai International Airport nella baia di Osaka, Casabella, p4~19, 1993（5）

　　② Il concorso per il nuovo aeroporto di Osaka, Casabella（555），p22~23，1989（3）

　　③ Susan Doubilet & Thomas Fisher, Hongkong Bank Systems, Progressive Architecture（PA），p100~107，1986（3）

　　④ Thomas Fisher, Landmarks：TWA Terminal, Progressive Architecture, p95~109, 1992（5）

HR

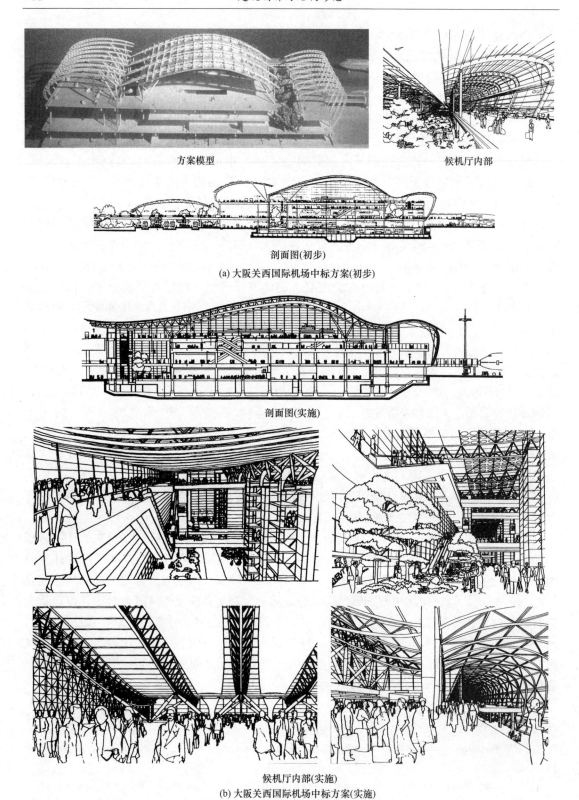

方案模型　　　　　　　　　　　候机厅内部

剖面图(初步)

(a) 大阪关西国际机场中标方案(初步)

剖面图(实施)

候机厅内部(实施)

(b) 大阪关西国际机场中标方案(实施)

图 4.65　大阪关西国际机场中标方案

Fig 4.65　Accepted project of Kansai International Airport in Osaka

图 4.66　大阪关西国际机场落选方案（Foster Associates 设计）
Fig 4.66　Unaccepted project of Kansai International Airport in Osaka
(Designed by Foster Associates)

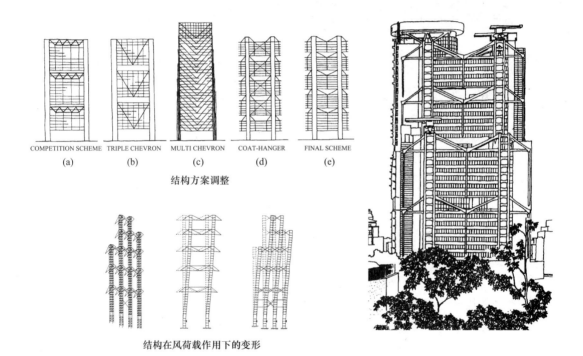

图 4.67　香港汇丰银行方案的确定
Fig 4.67　Determination of Hong Kong Bank project

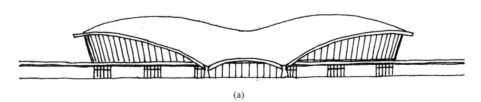

(a)

图 4.68　环球航空公司（TWA）航站楼方案的确定（一）
Fig 4.68　Determination of TWA Terminal（1）

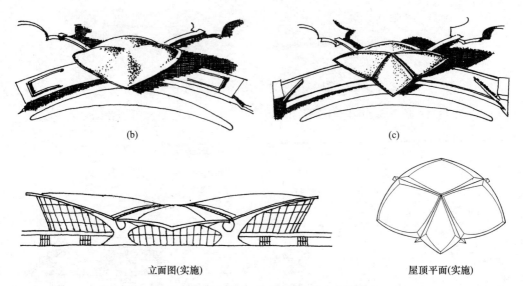

(b)　　　　　　　　　　　　　　　　　(c)

立面图(实施)　　　　　　　　　　屋顶平面(实施)

图 4.68　环球航空公司（TWA）航站楼方案的确定（二）

Fig 4.68　Determination of TWA Terminal（2）

4.6.2　设计调整阶段

　　结构形态必不可少的变化调整，有时会给建筑形象带来很大变化，特别是结构对建筑功能起至关重要作用的时候。如福冈棒球馆（设计：竹中工务店）[1]（图 4.69），其开闭屋面在建筑方案设计时即确定为圆形平面，并采用穹顶型屋盖，由互成 120°的三瓣组成，其中的两瓣可沿圆周滑动，收进固定瓣的一侧。但在对屋盖底部的支撑反力进行计算时发现，单纯的三分之一球壳，其底部反力极不均匀（图 4.69a），中间竟产生拉力，既给将来的轮压造成不均衡，也不利于结构的稳定；若将割线下面部分改为折线，适当扩大底部接触范围，则可使支撑情况显著改观（图 4.69b）；最后，通过调整折线部分的角度，基本上实现了支撑反力的均衡分布（图 4.69c）。在屋面形态构成上，与简单的三分切割相比，少了些呆板，多了些趣味，变化显著。

　　1989 年东京国际会议中心（Tokyo International Forum）建筑方案设计竞赛，由美国建筑师拉斐尔·维诺利（Rafael Vinoly）设计的方案中标[2,3]（图 4.70）。该方案总体布局与地块形状结合紧密，其中，玻璃展览大厅（Glass Hall）平面的形成是基于相邻的铁路弯道曲线形状，按照镜面对称方法生成的（mirroring curve）。建筑造型简练，曲面形态自然。内部空间的高大通透，全赖高大的格构式边柱与鱼腹形桁架（图 4.70a）。但是，在建筑设计进入实质性阶段后，原先设想的结构方案实施有困难，因为高大的空间势必使得外圈支撑结构变得粗大，有损于"玻璃盒子"的表现，故而将原构想中的桁架结构改为复杂的、设计独特的拉-压组合结构，屋面桁架的受力状态由两端简支变为中间支撑、两边悬

---

　　① Kazuo Ishii, Structural Design of Retractable Roof Structures, p19, WIT Press, Southampton, UK, 2000

　　② Vinoly Takes Tokyo Forum, Progressive Architecture（PA），p27, 38, 1990（1）

　　③ Sandro Marpillero, New York vince a Tokio, Casabella（565），p38~39, 1990（2）

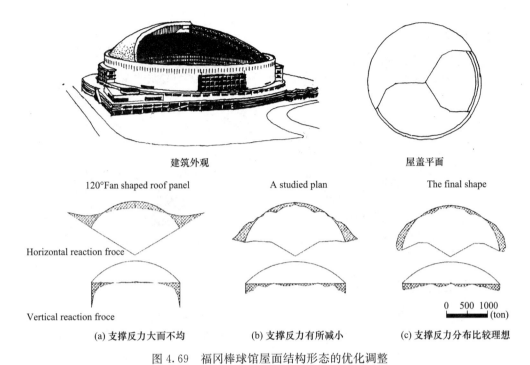

建筑外观　　　　　　　　　　　　　　　　屋盖平面

120°Fan shaped roof panel　　　　　A studied plan　　　　　The final shape

Horizontal reaction froce

Vertical reaction froce

(a) 支撑反力大而不均　　　　(b) 支撑反力有所减小　　　　(c) 支撑反力分布比较理想

图 4.69　福冈棒球馆屋面结构形态的优化调整

Fig 4.69　Structural morphology adjustment to Fukuoka Dome

挑，然后，通过在大厅中央增设两根通高的圆柱来承接整个屋面重量[①]（图 4.70b）。日本的结构工程师渡边邦夫（Kunio Watanabe）也参与到结构设计中。从最终设计结果来看，圆柱又改为变截面异形钢柱。为了实现屋面结构良好的整体性，各榀屋架间的纵向联系靠几根粗大的钢管和拉索予以加强，平面桁架本身也演变为月牙形平面实腹式钢梁，加劲肋和节点连接的处理更增强了结构的刚度和坚实感，整个屋顶结构与船的龙骨结构相仿。外围玻璃幕墙由于不再承担屋面重量而采用较轻的自承重结构体系，外表显得格外透彻。夜色中，好像只有屋顶结构为实体，犹如飘浮在空中的一艘船（图 4.70c）。可见，结构技术手段在建筑表现中的作用不可低估。

　　前一章提及的柏林商会，建筑师在设计中对结构形态也作了重大调整（图 4.71）。开始设计为半拱加支撑杆的刚架结构形式（图 4.71a），但其缺点在于半拱实际处于受弯状态，徒有拱的形象却无拱的实质。最终实施的结构采用了真实完整的抛物线形拱（图 4.71b），为钢结构。尽管从建筑的整体形象看，前后变化不大，但结构的调整使得建筑师实现了设计的表里如一，从而问心无愧。

　　巴黎国家工业技术中心（CNIT）的结构选型设计经过了一定的调整过程[②]，不过，这些调整都是在结构总体形态基本不变的情况下进行的，即采用何种结构方案来实现既定形态。最初考虑采用整体球面薄壳（图 4.72a），随后改为以三个交于顶点的中心拱肋为主要

　　①　Projects：Rafael Vinoly Architects，Progressive Architecture（PA），p120～122，1991（5）

　　②　Alexander Zannos，Form and Structure in Architecture，p137，Van Nostrand Reinhold Company，New York，1987

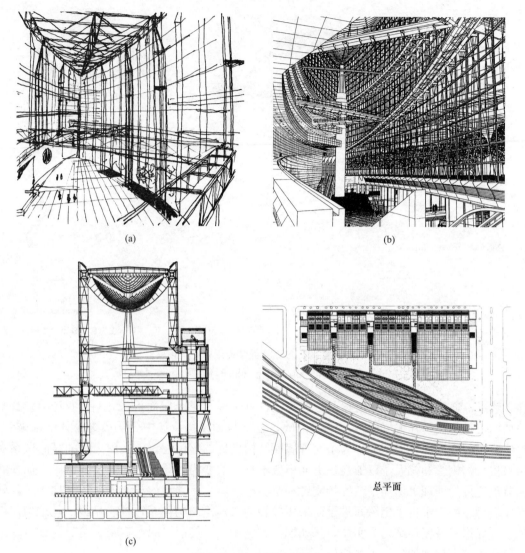

(a)

(b)

(c)

总平面

图 4.70　东京国际会议中心

Fig 4.70　Tokyo International Forum

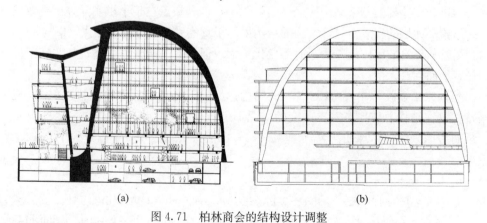

(a)

(b)

图 4.71　柏林商会的结构设计调整

Fig 4.71　Structural design adjustment to Berlin Chamber of Commerce

承重体系，三瓣拱壳将力通过拱肋传至基础（图 4.72b），后来又演变为中心拱肋与边缘拱肋相结合，上铺条状单向板，形成曲面（图 4.72c），最后采用了束状双曲变截面空心肋拱组成壳体，各肋拱将力直接传至基础（图 4.72d 及图 4.17）。

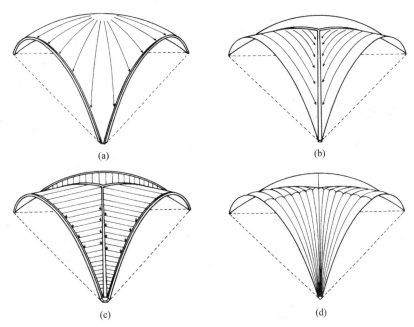

图 4.72　巴黎国家工业技术中心（CNIT）的结构方案调整

Fig 4.72　Structural project adjustment to CNIT in Paris

4.6.3　局部细化阶段

对于大型建筑的设计，在技术设计阶段已基本上解决了结构及建筑在整体形态方面的问题，除非是遇到重大修改而返工重做。通常情况下，在施工图阶段大多是局部的推敲和优化，尤其是构件形态与节点设计。例如，在梁的设计时，若增加梁高与保证门洞高度发生矛盾时，是否可考虑采用变截面梁；在纵横墙体相交处设置混凝土柱，是否可采用异形柱等。这类问题都需要经过一定的分析研究才能运用（图 4.73）。

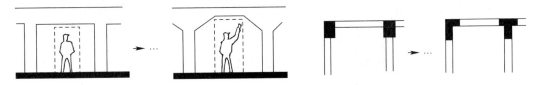

图 4.73　通过采用变截面梁和异形柱以适应建筑的空间需要

Fig 4.73　Beam and column section adjustment to meet the demand of inner space

4.7　结构表现的局限性

结构形态的合理不等于使用功能的合理，要受到建筑功能的制约。同样，结构在形态方面的合理性并不等于完全具备了可行性，因为还要受到材料、工艺、技术水平的诸多限

图 4.74　斯图加特地铁站方案之一

Fig 4.74　A project for Stuttgart Metro

制。这里，主要表现为**轻巧的方案形象与厚重的现实结构的差距**。

　　德国斯图加特地铁站方案（设计：Ingenhoven & Frei Otto）[1]，通体采用流线型混凝土薄壳，结构形态优美（图 4.74），但如何去实现？按现有普通材料和技术条件施工，难免出现厚重的形象。斯图加特地铁站的又一方案（设计：GMP）[2]，考虑用单层网壳结构与玻璃组合，以此增强室内外景观联系（图 4.75），其良好的视觉形象，按现有结构技术条件也恐难完全实现。悉尼奥林匹克公园地铁站（建筑设计：Hassell PTY）[3]，已于 1998 年建成，屋面的曲线变化和组合与前面斯图加特地铁站方案相近，采用的是钢管拱与型钢组成的屋面结构，还要靠室内照明，并未显得十分轻盈（图 4.76）。

图 4.75　斯图加特地铁站方案之二

Fig 4.75　Another project for Stuttgart Metro

外观

内部

图 4.76　悉尼奥林匹克公园地铁站（一）

Fig 4.76　Olympic Park Station of Sydney Metro（1）

①　Franz Pesch, Fehlerfeindlich, Werk, Bauen＋Wohnen, p30～35, 1998 (12)

②　Station and urban planning Stuttgart 21, Space Design (SD), p62～69, 1996 (5)

③　Penny McGuire, Olympic Vault, The Architectural Review, p64～66, 1998 (9)

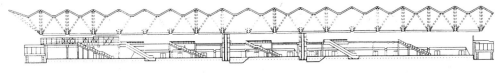

纵剖面

图 4.76　悉尼奥林匹克公园地铁站（二）

Fig 4.76　Olympic Park Station of Sydney Metro（2）

要使想象中的形象具有实现的可能性，就要对结构形态进行深入的甚至是长期的研究，通过试验、分析和不断完善，使艺术构思具有现实的价值。

4.8　小结

（1）**结构表现的几何形态**　结构的外形可以是完整的几何形体，也可以通过切割和组合等方式进行加工。在设计加工中，既要重视结构形态与建筑功能的一致，又应重视结构受力的合理性。此外，描述结构几何形态的参数以少为宜，因为构成方式的规则性与结构受力的合理性之间是有着一定的联系的，同时也便于施工。需要指出的是，追求几何参数的简洁并非意味着几何形象的单一、呆板，以较少的几何参数同样能够构筑富于变化动感的结构外形。

（2）**结构表现的力学形态**　结构形态要符合力学规律，这是结构表现最为重要的一点，也是结构形态所应体现的结构实质。结构的合理性不应导致结构形象的千篇一律。合理的力学规则既是约束设计的框架，又是启迪创新的源泉。关键在于要从本质上把握形象与规律的关系，而不是从生硬的条文出发，这样才能超越规则的束缚，达到出人意料的设计效果。

（3）**结构表现的心理形态**　合理的结构与和谐的美感之间并非总能做到一一对应。有时，合理的结构，看起来不一定会带来心理上的和谐；同样，美好的、习以为常的建筑形象，真正分析起来，也未必能符合结构上的合理性。在结构表现中，务必要使二者都能有合乎逻辑的体现，做到于情于理都能接受，这才算是上佳之作。

（4）**结构表现的自然形态**　人们对结构规律的把握源于对自然现象的观察与总结。而自然界的结构现象是丰富多彩、难以穷尽的，也是现有结构理论不可能完全包容的。向自然形态和人类自身形态学习，是启发结构形态设计的重要途径。在运用这一表现方法的同时，还应不断进行分析综合，丰富和修正已有结构理论，从而能够在新的高度上，进行新一轮的创新。

（5）**结构表现的现实形态**　结构形态的现实性与现有的材料、理论和技术等密切相关。理论模型与现实形态的差距是客观存在的。一方面，我们在设计之初，应通过周密的分析思考，努力缩小理想与现实的差距；另一方面，我们也应对可能出现的差距有心理上的准备，降低过高的期望值。面对竞争日益严峻的设计市场，要把思维创新的优势恰当地体现在设计作品之中，以可靠的技术保证来提高设计入选的几率，把理想的形态转化为现实的形态。

结构形态的创新及其发展趋势

任何一种美要得到永恒，都需要得到理性的升华。这也是一种建筑风格得以长盛不衰的保证。因此，真正成功的建筑作品，背后必然有理论的支持。结构形态的思考正是这些理性思考中的重要一支。有鉴于此，无论建筑师还是结构工程师，都须实现对自我的超越。

Chapter 5

Creation of structural morphology and it's developing tendence

结构形态的创新是结构表现得以稳定发展的源泉。高技术的广泛应用，对建筑的表现手段提出了更高要求，而结构形态的研究和创新可以保证建筑的形态设计能始终保持在一个较高的起点上。这一点对于大型公共建筑的设计尤为重要。

5.1　建筑结构表现的现状

20世纪建筑的发展，为结构的表现提供了施展其独特作用的广阔舞台。壳体结构、索结构、空间网格结构（包括网架和网壳）、膜结构以及剪力墙结构、筒体结构等相继成功地运用在大跨度、超高层等大型建筑的设计中。这一切应该归功于早期现代主义建筑注重形式与功能有机联系的正确主张，它使得新的结构形式产生之后，都有机会合理地运用到与之相适应的建筑形式中去。而且由于得到广泛的应用，也使结构本身能够不断完善和创新。

跨入21世纪，无论是建筑还是结构，都面临着如何创新的问题。许多现象值得我们去分析和总结。从结构表现的现状来看，已具有一些新的、显著的特点。

5.1.1　结构形式的表达丰富多彩

（1）结构体形的简洁明快与复杂多变并存

结构表现与以往相比更注重创新而不是套用既有的结构形式。有的造型简洁明快，有的形态复杂多变，也有的显得厚重繁杂。不过，形象的新颖不一定表明本质的创新。这些新的表现形式未必是逻辑的必然，往往缺乏理论的支持，高技术的表现难免徒有其表。

（2）新型结构材料与传统材料并存

一方面，许多高强、轻质、多功能的新型材料已走入结构工程领域，逐渐引起工程设计人员的重视，而能够与之相适应的结构理论与技术手段相对滞后，出现了一些把新材料用于旧的结构形式的现象；另一方面，传统材料仍具有极大的优势，我们应该予以充分利用，发掘既有结构技术的潜力，以传统材料展示新的结构形象。

5.1.2　结构作为表达建筑美的手段日渐突出

（1）建筑整体形态体现结构体形的美

结构形态在构建整体形象方面具有风格独特的、难以替代的作用，在美学价值方面具有和谐自然的、难以抗拒的魅力。高技术的影响渐入人心，技术美学的原则已转化为社会审美观念的一部分。人们要求建筑与其他产品一样，应该具有既宜人又合理的外在表现。

（2）建筑细部注重结构布置和形态处理的美

结构形态表现在建筑的细部，同样能调动人们的审美情趣。如建筑内部界面将多重结构单元巧妙布置，可体现韵律构成的美；对结构构件和节点的形态作合理化处理，可带来工艺造型的美。合理也好，美观也罢，建筑的内涵已变得更加丰富了。

5.2　结构形态的研究与发展

在建筑设计中，我们应恰当地看待建筑与结构的关系。以往的思路主要局限于两方面：其一是以建筑的角度看待结构，把固有的结构规律理解为形式化的、定量化的、可以照搬的东西，事实证明，这种构思方法难以适应新的、现实的要求，不具有指导意义；其二是以结构的角度看待建筑，套用固有的结构形式来考察建筑构成的合理性。这样一来，不是结构一味迎合建筑，就是结构阻碍了建筑的创新构思。二者均失之偏颇，未触及问题的本质。这两方面的局限始终贯穿于建筑师和结构工程师从培养教育到执业实践的各个环节。要克服这一弊端，必须从根本上去研究结构形态的本质，以此为结合点，才是实现建筑与结构协调统一的关键。

建筑与结构统一的最高境界是结构形态与建筑形态的统一，那么对结构形态的研究与设计便是实现二者统一的基础性工作。

5.2.1　结构形态学及其本质

结构形态学是研究结构的内在规律与外在形象之间关系的一门新学科。结构形态学的本质在于将形态与结构的关系建立在最为基本的层次之上，揭示形式与结构的本质联系和规律。形态学最早起源于对自然历史现象的研究，特别是对生物现象的研究，它对于分析物种的起源进化，对于生物的分类和判定亲缘关系曾发挥了重要作用。形态学涉及了自然界中的所有物质形态（生物形态、矿物构造、江河地貌、天体演变……）。为了能用系统的数学语言来表达复杂的自然形态，分形几何学应运而生，从而使人能借助计算机进行模拟和分析。

形态学作为研究形态的学科，它所关注的是自然形态之所以能够组合成型的必然规律，如能量最低原理、力的传递形式等。可以说，形态与结构是密不可分的，因为在物质世界中，是不可能找到有形态而没有结构或者有结构而没有形态的物质现象的[1]。从这个意义上讲，形态学也就是结构形态学。但我们所研究的结构形态学更偏重于结构的构成，更注重以结构的手段来构筑形态。与我们联系密切的结构形态设计主要是服务于建筑形态，解决的是与建筑相关的结构形态问题。

对于建筑来说，结构形态学的研究不仅要解决形态与结构的关系问题，还要处理好与建筑形式美学的关系、与建筑适用性能的关系以及与建筑技术条件的关系等。这些问题更具有实际意义。因此，对于从事建筑设计的人来讲，背负着很多现实的困扰，纯粹的形态学研究并不是我们主要的努力方向。

5.2.2　结构形态的研究与实践

把结构形态作为专门的研究对象，始于美国的结构大师富勒（Buckminster Fuller）。他以天才的想象力和执着的创作热情，展现给世人一个又一个结构形象，从而成为早期从事结构形态探索的最有影响的代表人物，早在 1927 年即试制了球顶住宅[2]。其最成功的是被称为富勒球的、构成方式独特的球形网壳，被用于 1967 年蒙特利尔国际博览会的美国馆（图 5.1）。他甚至还设想将城市的一部分覆盖在穹顶之下（图 5.2）。此外，他对张拉结构的研究也具有开创性。在 20 世纪 40 年代末，他根据自然界拉压共存的原理，提出了张拉整体体系（Tensegrity Systems）的概念，后来又将其描述为"压杆的孤岛存在于拉杆的海洋中"，意在充分利用受拉构件无失稳之忧，强度重量比大的特点，尽量减少压杆数量，以营造更大跨度的结构。此外，还构筑了结构模型（图 5.3）。不过，由于材料和技术限制，

---

① Peter Jon Pearce，Principles of Morphology and the Future of Architecture，International Journal of Space Structures，p103～114，1996（1&2）

② 童寯，近百年西方建筑史，p138～139，南京工学院出版社，1986 年，南京

这一概念始终停留在模型阶段，难以付诸实现。

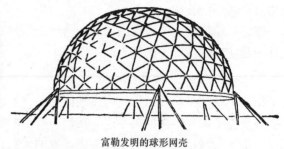

富勒在1927年设计制作的球顶住宅　　　　　　　　富勒发明的球形网壳

图 5.1　富勒的球形结构

Fig 5.1　Fuller's global structure

图 5.2　富勒设想的穹顶覆盖下的城市

Fig 5.2　City covered by a dome imaged by Fuller

图 5.3　富勒的张拉整体结构概念模型

Fig 5.3　Fuller's Tensegrity Structure conceptual model

　　著名的意大利建筑工程师奈尔维（Pier Luigi Nervi）毕生致力于以可塑性材料——混凝土——构筑既合理又美观的建筑结构。他很少提出概念化的结构形态，而更注重结构形态的设计实践，更注重结构的美学表达。他用一个个建筑作品向世人证明结构同样能成为建筑表现的有利手段，在形式美学与技术美学之间架起了一座座桥梁。另一位成功运用壳体结构的是坎迪拉（Felix Candela），他在 20 世纪 50 年代设计的墨西哥 Xochimilco 薄壳餐厅等建筑一直为人们所称道。

　　德国著名工程师奥托（Frei Otto），早年致力于悬挂结构的研究。在他的著作《悬挂屋面》[①] 中，曾对以传统的帐篷结构为代表的张拉结构进行了全面分析，对于张拉索结构用于大跨度建筑屋面的构成作了概括总结。实践方面的代表作是建于 1967 年的蒙特利尔国际博览会西德馆（图 5.4）[②]，随后，为举办 1972 年奥林匹克运动会而建造的慕尼黑体育场是他的又一力作（图 5.5）。在 20 世纪六、七十年代，他还着手研究树状结构。以他为首的斯图加特大学轻型结构研究所通过多年的分析与试验，终于将树状结构应用在斯图加特机场候机楼的建设上。20 世纪八、九十年代，德国结构工程师施莱希（Jörg Schlaich）[③]，以张拉索结构和膜结构在桥梁和大跨度建筑中也有着非凡的表现，如汉堡 Stellingen 冰球场膜屋面（图 5.6）、汉堡博物馆改建的网壳玻璃顶（图 5.73）和斯图加特体育场加顶等。

图 5.4　1967 年蒙特利尔国际博览会
西德馆的张拉结构

Fig 5.4　Tensile structure of West German
Hall in EXPO 1967，Montreal

图 5.5　慕尼黑奥林匹克体育场张拉结构
Fig 5.5　Tensile structure of Olympic
Park in Munich

　　相对于上述结构形态的设计实践来看，把结构形态学（Structural Morphology）明确地作为一门学科只是近几十年的事。从理论到实践还很不成熟，有待于进一步研究，其技术思路也有待于进一步明确。拓宽研究领域，将结构与建筑的设计实践相结合、与技术发展的必然趋势相结合，结构形态的研究和应用必然会取得更大成就。

---

　　① 　Von Dr-ing Frei Otto，Das Hängende Dach-Gestalt und Struktur，Im Bauwelt Verlag，1954，Berlin

　　② 　童寯，新建筑与流派，p165～166，中国建筑工业出版社，1980 年，北京

　　③ 　Jörg Schlaich，Hans Schober，Jan Knippers，Vom Bogen zur Tonne：Der Weg zum Tragwerk des Fernbahnhofs Spandau，DETAIL，p675～682，1999（4）

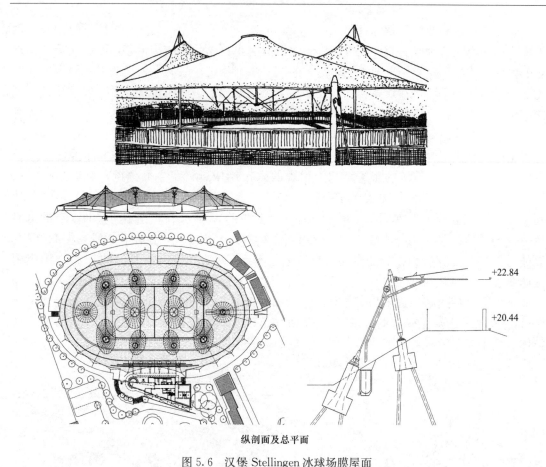

纵剖面及总平面

图 5.6　汉堡 Stellingen 冰球场膜屋面

Fig 5.6　Membrane roof of Ice-hockey Court in Hamburg

5.3　结构形态设计及其制约因素

5.3.1　结构形态设计的特点

　　尽管结构与建筑有着明确的分工，但由于建筑自身具有的技术特性以及建筑师职业培养过程中的结构知识环节，使得建筑师在建筑设计中自觉或不自觉地总要对结构有所考虑，结构方面的思考也会不可避免地伴随着建筑师的创作过程。在建筑形态的构思中，要想驾驭结构知识而不是为结构知识所束缚，就必须进行创造性的结构思考。这种创造性的结构思考与结构工程师的结构设计有着一定的联系，但从工作的目的、思考的方式、介入的深度和提供的结果来看，都有明显的差别。这就涉及对建筑和结构来说都是一个新的概念——结构形态设计。

　　（1）结构形态设计与建筑形态设计的区别

　　结构形态设计是运用结构的概念和原理，通过对基本结构构件的选取和组合，设计出基本上符合结构合理性原则的结构构成方案。与之相对应的建筑形态设计则偏重于形体的变化、裁切与组合等，它依据的是几何形体的构成方法，并符合建筑在功能和美学方面的逻辑性。

　　（2）结构形态设计与结构选型的区别

　　结构形态的设计是要以结构内在规律为指导，设计出合乎这一规律的结构形象。套用建筑构成一说，我们也可称结构形态设计为结构构成。这种创造性的结构思考与通常所说的结构选型也是有一定区别的，因为与之相比，创作、创新的成分更为突出，而"选"只是其中的一个方面。

（3）结构形态设计与结构设计的区别

结构形态设计与通常所说的结构设计相比，也有诸多不同。从目的来看，结构形态设计是为了开发新的结构形式和研究结构构成的机理，这与结构设计运用成熟的结构知识去完成具体的建筑项目是有区别的；从方法来看，结构形态设计是运用概念设计的方法进行分析，这与结构设计要涉及大量的结构数据资料并进行大量计算是有区别的；从深度来看，结构形态设计仅限于维持结构最低限度的可行性和基本满足结构在力学、材料性能和边界条件等方面的合理性，这与结构设计要保证从结构体系到构件节点的可实施性是有区别的；从成果来看，结构形态设计提供的是结构构成的逻辑关系，可用图示或模型来表达，这与结构设计要提供一整套施工图也是有区别的。

可见，结构形态设计所需要的基本知识都是建筑师已经掌握而且是应该具备的，再结合创造性的思维方法和一定的工程实际经验，结构形态设计是建筑师完全能胜任的。结构在形态方面的思考、分析和创新工作，对于建筑师来讲要比结构工程师更为有利。随着现代社会发展对产品科学技术含量的广泛重视，我们应该把结构形态设计提高到作为建筑设计的一个重要组成部分来认识。

5.3.2　结构形态设计的制约因素

结构形态设计作为建筑设计中的一个重要内容，所面临的制约因素是多方面的，其中，有的制约条件是建筑与结构共同面临的。有些时候，对结构形态的处理比建筑形态更富有挑战性。

（1）结构形态与使用功能

使用功能是建筑的基本要素和根本目的。结构形态与使用目标之间必须取得协调一致。要使现有的、完整合理的结构形式能为我所用，就必须对其进行合理的剪裁和组合，而不是为了迎合使用功能而进行简单的拼凑和套用，以致削弱结构自身的合理性。

（2）结构形态与建筑形式

形式美是建筑设计的一个重要方面，并有传统的构图理论作依据，也时常受主观意向的左右。结构体系的合理性可通过理论分析和试验对比来满足这一客观要求。要在合理的结构与美好的形态之间求得和谐统一、天衣无缝，就必须发掘二者的内在联系，找出结合点，构筑新的建筑设计体系。

（3）结构形态与建筑环境

环境条件往往是决定结构形态的先决条件。是利用环境，还是改造环境；是顺应环境，还是控制环境。无论是在方案推敲阶段，还是在工程实施阶段，建筑师必须不断地对此作出选择，结构造型方面的思考也会贯穿始终。结构技术的恰当运用，对解决环境问题会大有裨益。

（4）结构形态与技术条件

结构形态的正确与否，离不开理论分析和技术实践的检验。结构形态从构思、设计到实现，都要以与之相对应的技术条件作保证，同样也要受到技术水平的制约。材料性能、理论水平、加工能力等都是决定结构形态的客观因素。我们只有不断洞察科学技术领域的每一项进展，及时发现、深入思考、灵活运用、善于创新，才能使结构形态不断更新。

（5）结构形态与社会因素

一种结构形态能否为大众所接受，社会因素的影响相当重要。心理因素、民族特点、宗教意识、社会阶段、经济条件……，这一切无不影响人们对新事物的认同。新的结构形态，从设计者头脑中的想象，到图纸、模型和计算机的形象化，进而应用在建筑工程上，其中每个环节的决定因素都离不开社会的影响。此外，项目决策者（如业主、甲方、地方官员）及群众的审美倾向对结构形态的设计往往起到重要的制约作用，甚至决定性作用。

总的来说，结构形态应该是结构自然规律的形象化体现。最大的结构形态宝库存在于自然界中，那里的结构形态是丰富多彩的，我们可能会从生物形态、矿物构成、地质构造和天体演化等各种现象中得到启发。如何去发现和总结，进而创新，关键在于人们在客观现实和主观思维之间如何保持默契，关键在于人们怎样才能最大限度地打破思维定式的桎梏，关键在于人们能在多大程度上发挥其想象力和创造性。因此，结构形态设计最大的制约因素是设计者本身。

5.3.3　结构形态的设计和教育

在建筑设计中，功能、结构、形式之间互为条件，彼此依存，不可偏废。它们各自都可作为设计工作的起始点，但终点是三者必须都得到满足。以结构形态为出发点也不例外，同样要满足这三方面的要求。

（1）结构形态的操作过程

选型　这是在现有成熟的结构形式基础上，选取适合于既定建筑形态的结构，作为深化设计的依据。

变化　通过对结构规律的深入理解，结合建筑的实际要求，对结构形式进行裁切、变化和恰当组合，同时，适当调整建筑的功能和布局，形成建筑与结构结合自然、既生动又合理的建筑形象。

创新　以结构形态的设计为出发点，构筑新的结构形式，以一种全新的构思来完成建筑形象。这方面的工作类似于基础性研究，需要经过一定阶段的分析和实践积累才能不断丰富完善。

我们当然不希望悉尼歌剧院的经历再度重演，因此必须在结构形态的创新上多下工夫，早做准备。

（2）结构形态的教育

形态构成是建筑教育的重要方面。我国的教育实践多偏重于几何构成，缺乏技术构成训练。西方的建筑教育与新技术结合十分紧密。以计算机应用为例，不仅是要学生把它作为一种辅助设计的工具，而是通过与计算机相关的一系列学习，逐步建立起一种信息时代的新的思维方式和新的构思途径。对于结构知识的教育，也更注重概念理解的深入和动手能力的增强，通过结构形态的构思和模型制作，使学生从根本上建立"形"与"质"的关系，拓宽了形象思维的思路，增强了形态构成的手段，必将使他们在未来的执业实践中受益匪浅。

（3）结构思考是否会限制建筑师的想象力

结构思考是否会限制建筑师的想象力，这要看建筑师对结构是否是从本质上掌握。对于我国多数建筑学专业的学生来讲，现有结构教育的弊端就在于只重形不重实。只了解既有结构形式的适用条件和范围，重在选和用，却忽视了结构原理的掌握和规律的应用，缺乏灵活运用结构知识构筑建筑形态的能力。只掌握形式上的结构，只注重结构的形式，必然受形式的制约，也必然会限制想象力。

结构的精髓在于结构的规律。建筑的构思源于生活，从中获取灵感；结构的创新也要源于生活，从中发现规律。鉴于结构技术在建筑中所起的独特作用，我们有理由相信结构形态设计能够成为建筑与结构实现和谐统一的结合点，而且在大型公共建筑的设计上能率先有所突破。

5.4　建筑形态与结构形态的创新及其合理性

建筑设计的灵魂在于创新。似曾相识不是人们的期望，反而招致平庸的评价。经济的全球化导致人们视野的扩展和信息来源的广泛。设计方案的套用，对于成片开发的廉价住宅，人们是可以接受的，但对于大型公共建筑的设计，似乎令人难以容忍。最明显的实例是建成于 1987 年的印度新德里莲花教堂（Baha'i House of Worship in New Delhi），由伊朗建筑师 Fariburz Sahba 与英国结构工程师 Flint & Neill 合作设计，其造型取九个莲花瓣，具有印度宗教和文化象征意义。因其造型元素与悉尼歌剧院酷似，而被称为 A Second Sydney[①]。它采用的是现浇混凝土，而且施工主要靠的是传统技术，但从结构形态来看，却是真正的壳体，内层花瓣混凝土厚 7.8 英寸，外层厚度则从顶部的 5 英寸到底部的 10 英寸不等。这里，尽管结构合理，却缺少了形态的创新（图 5.7）。

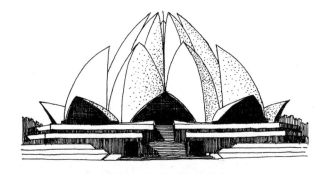

图 5.7　新德里莲花教堂

Fig 5.7　Baha'i House of Worship in New Delhi

技术上的缺陷大多可以通过技术本身来克服，而崭新的建筑构思却是十分难得的，对此应该主次分明。从另一方面看，技术上的创新和突破反过来又可为建筑的表现增色不少，也应予以重视。目前国内建筑多是新形象老技术或新技术老形象。本书认为，究其原因，固然有技术水平落后的先天不足，但主要还是在于思想意识的束缚。

5.4.1　建筑形态与结构形态的创新

建筑形态也好，结构形态也好，应该追求的是神似而不是形似。建筑师在刻意追求某种形态的同时，往往会忽视了建筑形态与结构合理、建筑形态与功能要求之间的协调关系。

---

①　A Second Sydney，Progressive Architecture（PA），p28，1987（6）

下面从三方面进行讨论。

（1）相似的建筑形态采用不同的结构形式

法国 Pointe-à-Pitre 机场位于中美洲的法属瓜德拉普岛（Aeroport，Pointe-à-Pitre，Guadaloupe，建筑设计：Paul Andreu，Aeroports de Paris ）[①]，于 1996 年竣工。面积 28000m² ，设计年客流量 250 万人，候机厅剖面形如巨鸟展翅（图 5.8），屋面结构形式为单曲面，内部空间形态与外形一致。

图 5.8　Pointe-à-Pitre 机场候机楼及其内部

Fig 5.8　Pointe-à-Pitre Air Terminal anid its inner

1999 年启用的上海浦东国际机场航站楼（图 5.9），当初进行方案设计国际竞赛时，保罗·安德鲁（Paul Andreu）提供的方案，候机大厅的形态与前面实例一致，只是由于建筑规模较大，两翼增加了候机长廊。按说其造型已不算新颖，但还是中标了。其最大特点主要反映在屋面结构方面，采用了大型平面索桁架（张弦梁）形式，这在中国尚属首次，格外引人注目。遗憾的是，候机长廊部分，由于两端支撑均为向外倾斜的柱，结构平面有四个铰，为机动，即静不定结构，并不稳定。这一问题到了中标之后的设计细化阶段才被发现，只能采取补救措施，增设稳定结构（前一章对此已有讨论）。此外，结构设色问题也值得商榷，腹杆被涂成白色，感觉粗大，失去了结构的轻盈感。

图 5.9　上海浦东国际机场航站楼及其内部

Fig 5.9　Pudong International Air Terminal in Shanghai and its inner

（2）相似的建筑形态采用相同的结构形式

法国查尔斯·戴高乐机场扩建工程鲁瓦西二号航空港（Roissy Terminal 2F，Charles

---

① Paul Andreu，Aeroport，Pointe-à-Pitre，cree（279），p79

de Gaulle Airport），于 1998 年完工（建筑设计：Paul Andreu，Aeroports de Paris）。候机厅屋面结构采用的是平面索桁架体系，纵向中轴线布置倒三角形截面桁架构成纵向联系。尽管上弦纵横两向形成屋面网格结构，但由于屋面整体的长轴与短轴长度相差悬殊，上弦纵向联系除了对桁架侧向稳定有利外，结构承重仍靠平面桁架本身。更为巧妙的是屋面与两端支撑结构的一体化设计，并完全采用了索-拱机制，将放射状索的径向张力转化为环向的支撑压力（图 5.10），以视觉上的悬念感，突出了建筑中的技术成就表现。

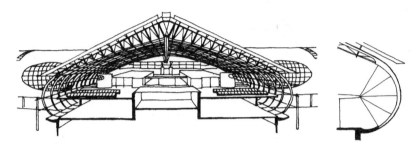

图 5.10　查尔斯·戴高乐机场鲁瓦西二号航空港

Fig 5.10　Roissy Terminal 2F，Charles de Gaulle Airport

　　广东省为主办第九届全国运动会而举办了广州市体育馆方案的国际设计竞赛，在多家境外设计事务所及国内设计单位的角逐中，保罗·安德鲁的方案最终中标[①]。该方案体态简洁清新、张弛有度，体块的串联组合与山脉起伏相映衬，显得和谐自然（图 5.11）。不过，其空间形式与前述戴高乐机场候机厅相似，建筑师在处理该方案结构形态时，也采用了相似的屋面结构形式，只是支座条件大为简化，且将结构尺度作了放大，跨度由 30m 左右增加到约 100m。不知设计者是否考虑跨度的大幅度增加以及当地台风效应对结构性能会带来实质影响，实施的结构必然失去原机场屋面结构的视觉美感。

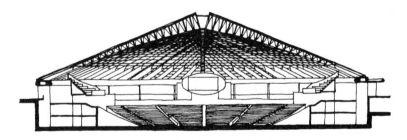

图 5.11　广州市体育馆中标方案

Fig 5.11　Accepted project of Guangzhou Gymnasium

　　（3）相似的建筑形态用于不同类型、不同规模的建筑

　　由法国夏氏建筑设计公司（Jean-Marie Charpentier & Associates）设计的香港太平山观景楼，上部为便于游客观赏山下景色而做成两端悬挑的形式，类似月牙形的屋顶既是建筑形象的表达，又是功能要求的体现（图 5.12）[②]。该建筑形象后来被夏氏设计公司用在上

　　①　梅季魁，体育场馆国际设计竞赛述评，世界建筑，p36~39，1999（3）

　　②　Neues Wahrzeichen für ein neues Hongkong，Deutsche Bauzeitung，1997（9）

悬挑形态便于观赏风景

图 5.12　香港太平山观景楼

Fig 5.12　A Scene-view building in Hong Kong

海大剧院方案上。不过，由于外观形象与剧场的功能需要相去甚远，给技术设计带来了很大困难。特别是对于结构，一方面，由于避免噪声影响，建筑师坚持要将通风制冷设备放在建筑顶部，这必然加重承重结构的负担；另一方面，后台上部空间的大幅度升高，使得原本比较完整的月牙形钢屋架在此断开，结构受力极不合理（图 5.13）。

历史的经验告诉我们，越是造型独特的东西，越不能照搬和重复。"标志性建筑"尤其如此。技术创新是时代的要求，形象的创新是社会的要求。以真实的结构表现真的建筑，以至真的追求，实现至善、至美，把新技术和新形象有机地结合起来，融入建筑创作中，就能使建筑师焕发出无尽的想象力和创造力。这是造就富有生命力的建筑形象的必由之路。

部分屋架结构不完整　　　　　　　　悬挑形态与功能毫不相干

图 5.13　上海大剧院

Fig 5.13　Shanghai Opera

5.4.2　评价结构合理性的标准

建筑设计的现实性在于合理。建筑形态的构思既要考虑功能的需要，又应符合结构的要求。

如何评价结构的合理性，这既是评判既有建筑的标准，也是指导我们恰当地运用结构手段去表达建筑的思维工具。对于评价建筑竞赛方案的合理与否，也是首先要明确的问题。特别是方案在形态上富于创新的时候，更是对结构的挑战。

对于建筑方案所提出的新形象，可以通过定性分析为主的方法，以现有的理论概念和技术水平作为评价依据，决定方案是否合理，或者虽有缺陷但有改进的余地且不会影响原方案的基本构思，或者寄希望于现有技术的提高而最终会得到解决。此外，还可以借助一定的定量分析研究甚至辅之以试验手段，才能对其合理与否作出深入评价以及提出改进方案。对于方案竞赛的评价，因时间有限，无疑只能局限于定性分析。下面我们不妨从结构形式、材料运用、构造处理、结构耐久和技术水平等几个方面来讨论结构合理的标准。

（1）结构形式

结构形式的合理是最主要和最基本的要求。既要使结构能有足够的抗力，又要使结构自身尽量简洁。下面提出两方面建议：

其一，结构体系与主要外力作用的一致性。

结构形式的合理与否是相对的。因为一个结构体系可能会受到各种方式的外力作用，有些作用是未来不可准确预见的，要达到万无一失绝不可能，也无必要。我们只能说某结构在其主要荷载条件作用下是合理的，而在次要荷载作用下只要保证能正常使用或不致破坏就可以了。如拱结构，在自重及竖向均布荷载作用下是合理的，但在不对称荷载（如水平力）作用下，结构就较为薄弱。又如高耸结构，结构主要考虑抵御水平风荷载，其主要承重构件平时在自重作用下就显得绰绰有余。因此，看待结构整体形态，应该首先着眼于它是否与主要控制作用相协调。如大跨度结构主要是克服自重和竖向地震作用，高耸结构主要是抵御风荷载和水平地震作用等。

其二，构件受力状态的合理性。

单个构件特别是对建筑造型有直接影响的构件，其受力状态必须简单明确。由于现有理论水平的限制，对拉、压、弯、剪、扭等复合受力状态的分析尚缺乏普遍性的理论指导，技术设计阶段必然采取保守方法，使得构件性能不能充分发挥，很难做到形态表现与承力状态的完全一致。因此，以单纯受力状态为宜。不过，在各种复杂作用条件下，要使主要构件都能像古典建筑中的石砌柱、拱结构那样以较好的整体性（monolithic）保持简单的受力状态并不容易，还是要做一番努力的。

（2）材料运用

材料的运用不仅要从满足结构承载力的要求出发，还要顾及结构形象的表现，为此，应考虑"质"和"量"两个方面。在质的方面，尽可能以独特的材质表现重点构件，针对构件受力特点和观看者的心态，确定所要表现的是"举重若轻"，还是"举轻若重"；在量的方面，对于传统材料可以广泛采用，而对于新材料应重点布置。这样，既有利于突出新材料的表现，也兼顾了造价的经济合理。

对于大跨度建筑，屋面结构设计的优劣通常还表现在单位面积的用钢量上。有种观点认为由于钢铁工业发展很快，发达国家在建筑上也大量使用钢材，似乎用钢量指标已无必要。对此，本书认为，以最少的材料覆盖最大的面积历来是从事空间结构的专业人士所追求的目标。单位面积用钢量所反映的不仅是经济指标，控制材料用量的意义还在于提高结构的先进性。现今情况是，在欧美发达国家，那些既轻又薄的新型大跨度屋面造价反而比用钢量较大的传统结构形式高得多。如果从经济角度看，单方用钢量的确不能作为唯一的衡量标准，但从广义来理解，用钢量不仅是经济指标，也是结构先进性的标志之一，对此我们应坚信不疑。

（3）构造处理

构造处理方面的别具匠心，往往会为建筑的细部表现增色不少，关键在于能否恰当运用。

构造处理一般体现在构件形态和节点形式上。杆件形态要与其自身受力一致，如前一章所述大阪关西国际机场航站楼及汉诺威国际展览中心第 26 号馆，在细部的构造处理方式很值得借鉴。

（4）结构耐久

长久以来，人们对建筑的耐久性可以说是心中无数的。对于重要建筑物，只能采用当时最结实的材料建造。尽管希望它们能屹立千年万年，但始终缺乏量化指标。如木结构这样耐久性较差的结构类型，我国有许多已历经千年仍然屹立的古建筑实例，山西五台山佛光寺大殿及应县佛宫寺释伽塔即是代表。但是，其同时代的绝大多数建筑却早已消失。主要还是靠经验。

到了 20 世纪，依据概率分析方法，通过统计和试验，才使建筑的耐久性基本上走向了定量化。按现行设计规范要求，建筑结构是具有一定保证期的，如 50 年。即使很重要的建筑物也不可能设计成真正意义上的永久性建筑，对此我们不必苛求。只要在经济技术指标允许的范围内进行选材和设计结构方案即可。至于国内在设计招标中，经常提出对建筑形象的"耐久性"要求，诸如在多少年之内不落后等不规范用语，设计者不必过多在意。

（5）技术可行

技术的可行性通常是建立在现有技术水平上的。对于方案的技术评价，只要是不违背理论要求和基本原理，就应该以前瞻性的眼光予以支持，并寄希望于技术的改进。与许多新兴学科相比，结构的基本理论是比较成熟的，要想获得突破可以说是举步维艰。但从技术层面来看，结构却是有很大的发展余地的，特别是与新材料相结合，更能有所创新。

技术因素有时也会阻碍建筑的构思。建筑构思固然希望能做到海阔天空、想象不尽，但客观上还是离不开建筑师知识结构的局限，而这种局限则部分来自现有的科学技术水平，它无形地束缚了人们的想象力。对此别无选择，只有不断地了解科学与技术的最新成果，不断地思考新问题，才能不断地超越过去、超越自己。回顾近几十年的建筑思潮，唯有"高技派"长盛不衰，根本原因就在于科学与技术的进步是社会发展的最活跃的动力，与之相结合的建筑必然从中受益。

合理与创新经常相互矛盾，因为现实情况是，我们解决问题的能力总是滞后于问题的提出。总的来说，我们应该更注重于创新，在创新中寻求新的合理性。

5.5　新型结构的显著特点

新型结构与传统的结构相比主要体现在设计思维的创新、研究手段的先进、建筑材料的新颖和技术实施的独特。近几十年来，涌现出索结构、膜结构、树状结构以及巨型结构等新的结构形式。它们都有着一定的结构形态研究背景。其共同的特点就在于受力更趋合理、结构形态更具特色。

5.5.1　索结构

提起索，可以联想到自然界的藤条和蛛丝，又可追溯到早期人类搓制的草绳。古代中国即有建造藤索桥的历史。但由于一般天然材料缺乏可靠的强度，无法作为主要的建筑材料，长期以来，索结构难以与永久性建筑联系起来。近代钢铁工业的发展、高强钢丝的出现，使得这种柔性抗拉材料从 19 世纪后半叶开始得以广泛应用于船缆、吊车、电梯等。材料问题的解决，大大拓展了人们的想象空间。从桥梁结构来看，索结构分张拉与悬挂两种形式，分别对应着斜拉桥与悬索桥。对于建筑结构，不张拉的悬挂索结构须有维持稳定形态的机制，否则难以满足使用要求。

结构大师富勒对张拉索结构进行了长期的研究，并提出张拉整体结构的概念性理论。

然而由于缺乏材料与技术的保证，这一想法只能停留在概念和模型试验阶段。从 20 世纪 80 年代后期开始，由美国工程师盖格尔（D. H. Geiger）发明了索穹顶结构（图 5.14），并成功运用于 1988 年汉城奥运会的体操馆和击剑馆，跨度分别达 120m 和 90m。后来，美国威德林格（咨询工程师）事务所又开发了一套索穹顶技术，并应用在 1996 年亚特兰大奥运会的佐治亚

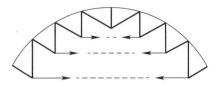

图 5.14 索穹顶结构剖面

Fig 5.14 Structural section of Cable Dome

体育馆，跨度达到了空前的 235m×186m。尽管围绕着现有索穹顶结构是否真正符合富勒的张拉整体结构概念至今仍有着学术上的争论，但高强轻质的钢索对大跨度结构的贡献是毋庸置疑的，人们对它的未来寄予厚望。

本书将索结构的应用领域分为单个构件、索桁结构和悬索屋盖三方面。

（1）用于单个构件

最常见的是用于屋架的下弦，如索桁架已成为较常见的屋架结构形式（图 5.15）。大跨度的索桁架非常适合大型公共建筑，如汉诺威国际展览会第 4 号馆（Trade Hall，Hanover，建筑设计：Von Gerkan，Marg & Partners)[1]（图 5.16）。

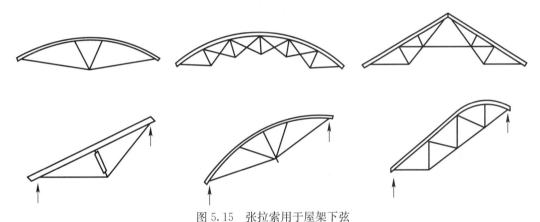

图 5.15 张拉索用于屋架下弦

Fig 5.15 Cable as the bottom chord of truss

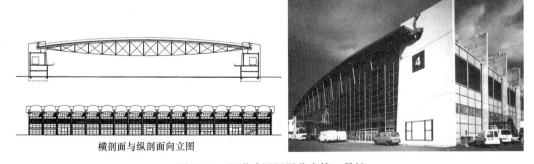

横剖面与纵剖面向立图

图 5.16 汉诺威国际展览会第 4 号馆

Fig 5.16 Hannover EXPO Hall No. 4

① Harriet Grind，Striking Chords，The Architectural Review，p60~62，1998（10）

索与拱相结合，可使结构显得更加轻盈。如法国某工厂，屋面结构采用拱形屋面和索，并与天窗支撑相结合，使建筑外观更加活泼（图5.17）。

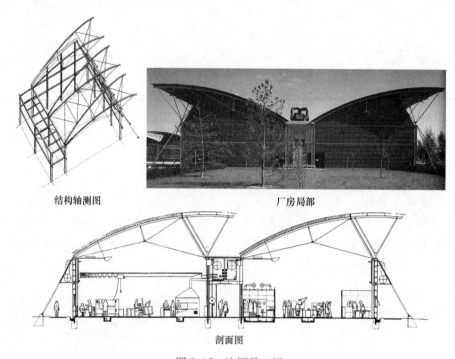

结构轴测图　　　　　　　　　　　　　　厂房局部

剖面图

图5.17　法国某工厂

Fig 5.17　A factory building in France

在桥梁结构方面也有很多应用。对于中小跨度的单跨桥梁来说，可以将其视为单一构件。位于格拉茨（Graz）的步行桥（设计：Domenig, Eisenköck & Egger）[1] 横跨 Mur 河，跨度56m。侧面看去像一把张满的弓箭。"弦"由四根拉索构成，"弓"由两根三角形截面的变高度钢箱梁组成，跨中设立受压支杆。下部的透空处理客观上有利于泻洪。该桥结构形态鲜明，构件拉压功能清晰，建筑细部表现手法夸张却不失合理，参观者无不留下深刻的印象（图5.18）。另一座位于日本 Himi 的跨河步行桥（设计：Carlos Villanueva Brantd Architecture）[2] 采用的是桅杆与索相结合的结构形式。尽管设计者颇费了一番工夫，外观造型也算是当地一景，结构布置是否有不当之处在此不敢妄加评论，但从不同角度看去，杆件、拉索有些繁复零乱，与前述实例相比照，使人难免产生小题大作的感觉（图5.19）。

（2）用于索桅结构

索与一般的结构构件相比具有独特的纤细感，有着视觉表现上的优势。

张拉索常被用于"非受压结构"（non-compressive structures）[3] 中，它通常用以表现索在构筑稳定的结构体系的性能。它与适量的受压杆件组合，可以实现独特的结构造型。

---

①　Peter Blundell Jones, Arrow Route, The Architectural Review, p22~23, 1995 (10)

②　Catherine Slessor, Structural Picturesque, The Architectural Review, p22~23, 1995 (11)

③　James Strike, Non-compressive Structures, Architectural Design (AD), p16~21, 1995 (9-10)

如 1951 年伦敦的节日纪念塔（图 5.20）及诺曼·福斯特（Norman Foster）设计的巴塞罗纳无线通信塔[①]（图 5.21）。

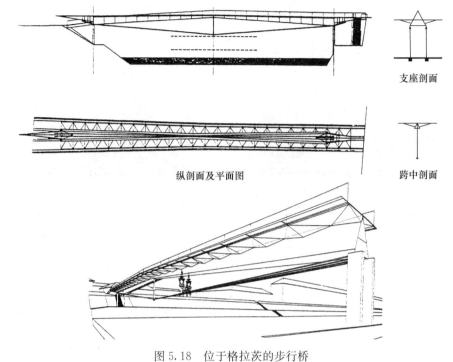

图 5.18　位于格拉茨的步行桥

Fig 5.18　A pedestrian bridge in Graz

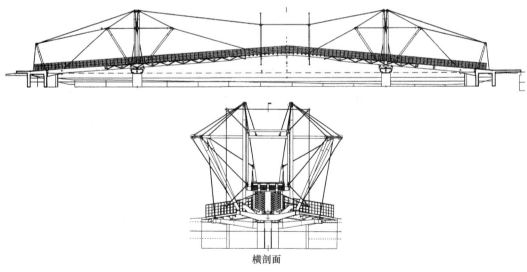

图 5.19　位于日本 Himi 的跨河步行桥

Fig 5.19　A pedestrian bridge

① Norman Foster，Telecommunications tower，Barcelona，Casabella（592），p21，1992（7-8）

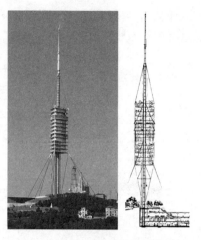

图 5.20　1951 年伦敦节日纪念塔　　　　图 5.21　巴塞罗纳无线通信塔

Fig 5.20　London Festival Memorial Tower in 1951　Fig 5.21　Barcelona Telecommunications Tower

　　张拉索用于索桅结构造型，可分为两种情形：一种是以拉索和桅杆构成包括屋面和围护界面在内的整体结构骨架；另一种只是以拉索和桅杆作为刚性屋盖的承重体系。法国南特附近的购物中心（Shopping Centre near Nantes，建筑设计：Richard Rogers Partnership）[1]，外部结构由钢管桅杆和拉索构成富有工业气息的建筑骨架，并且特别注重节点细部构造。桅杆高度与间距均为 28.8m，共三跨。屋面高度为 14.4m。内部结构则采用钢筋混凝土预制构件组成二层框架，层高 6m。整个建筑不到十个月即建成。该建筑尽管结构高度超出实用空间的一倍，但在形态表现方面的与众不同为其赢得了赞誉（图 5.22）。德国海德堡某厂房[2]（Firmengebäude Lamy in Heidelberg，建筑设计：Bertsch Friedrich Kalscher）同样是以桅杆和拉索构成整体骨架（图 5.23）。此外，由 AREP 设计的法国圣丹尼斯铁路客运站[3]是新建的 1998 年世界杯足球场的交通配套项目，候车月台顶部采用斜拉索和格构式桅杆，作为屋面板的支撑，构成了建筑外轮廓（图 5.24）。类似的还有意大利某厂房（New Benetton Factory，Castrette，Treviso，Italy，设计：Afra & Tobia Scarpa）[4]，以索桅体系实现了屋面结构的较大跨度（图 3.29）。墨西哥某厂房（Valeo Electrical Systems，San Luis Potosi，Mexico，设计：Davis，Brody & Associates）[5] 的设计除以索桅结构作为屋面的承重体系外，还增设了能够抵御风荷载作用下屋面上翻的稳定索（图 5.25）。

　　（3）用于悬索屋盖

　　在构筑大跨度屋面结构中，张拉双曲面索网结构有着显著的优势。如 1957 年蒙特利尔

---

　　① Peter Buchanan，Shopping Shed-Shopping Centre near Nantes，The Architectural Review，p34～40，1988（8）

　　② Bertsch Friedrich Kalscher，Firmenphilosophie，Deutsche Bauzeitschrift（DBZ），p87～91，1998（2）

　　③ City in Motion-Railway Station，St Denis，France，The Architectural Review，p76～78，1998（9）

　　④ Afra & Tobia Scarpa，New Benetton Factory，Castrette，GA Document（38），p64～71，1993

　　⑤ Valeo Electrical Systems，Architectural Record，p214～218，1998（5）

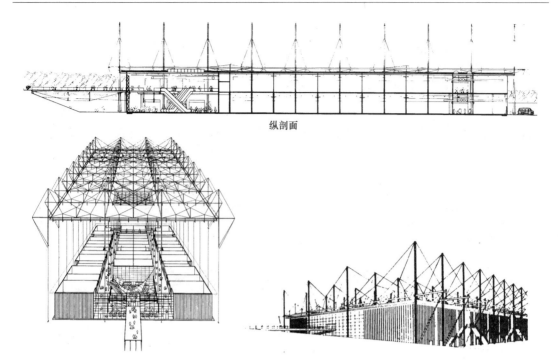

纵剖面

图 5.22　南特附近的购物中心

Fig 5.22　Shopping Centre near Nantes

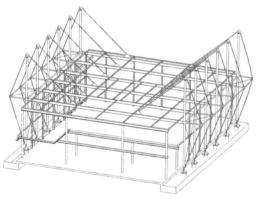

图 5.23　海德堡某厂房

Fig 5.23　A factory building in Heidelberg

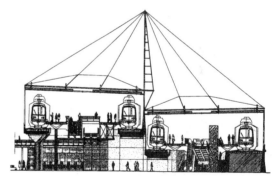

图 5.24　法国圣丹尼斯铁路客运站

Fig 5.24　Railway Station in St Denis, France

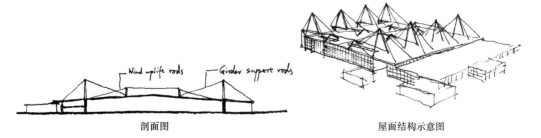

剖面图　　　　　　　　　　　　　　　屋面结构示意图

图 5.25　墨西哥圣路易斯波托西某厂房

Fig 5.25　A factory building in San Luis Potosi, Mexico

国际博览会西德馆和 1972 年慕尼黑奥运会体育场（设计：Frei Otto 等），设计者通过对索网的合理组合，高耸粗壮的支杆与变化起伏的透明曲面相对应，刚劲有力的桁架拱与柔和舒展的屋面相映衬，为人们展现了一个个全新的建筑形象（图 5.4 和图 5.5）。Otto 的设计实践说明，可以通过索的合理分布，形成形态丰富、曲线优美的屋面结构体系。这种曲线形态与建筑师仅凭个人好恶、在方案的平面和立面设计时喜欢玩弄的曲线形式有着本质的区别，因为它蕴涵了力的传递的内在规律，这种曲线的美才做到了真正意义上的流畅自然。此外，日本某加油站[①]以多个混凝土拱为周边支撑，张拉成方格索网屋面。由于曲面形态复杂，采用了肥皂泡模型、计算机模型与小尺度模型相结合的设计找形方法（图 5.26）。

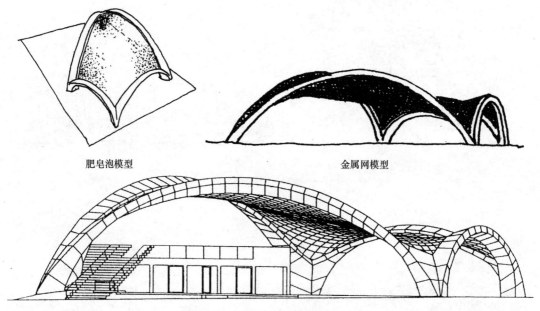

肥皂泡模型　　　　　　　　　　　　　　　金属网模型

图 5.26　日本小国玻璃顶加油站

Fig 5.26　Oguni Glass Station

　　在单曲面悬索屋盖中，出于形态稳定方面的考虑，一般要结合重型屋面材料或结构本身采用能够保持形态的刚性材料。如前述小沙里宁设计的杜勒斯机场候机楼（1967 年竣工）即采用混凝土屋面，以增强抗风能力（图 3.14）。三十年后，类似的大跨度屋面仍然在建。由阿尔瓦罗·西扎（Alvaro Siza）设计、于 1998 年建成的葡萄牙里斯本博览会展馆（Portuguese Pavilion）[②]，在两幢建筑之间悬挂有覆盖范围为 65m×50m 的混凝土悬索屋盖，使之成为风雨广场（plaza），屋盖离地 10～13m。既薄且柔的屋面与两侧墩实的支撑门廊（portico）形成对比，整体形象简洁。为突出结构技术上的表现，混凝土屋盖端部与门廊相连处特意留出一段空隙，以露出不锈钢索，形成独特的条纹光影（图 5.27）。由赫尔佐格设计的汉诺威国际展览中心第 26 号馆，其单曲悬索屋盖并未采用厚重屋面，而是采用底面加两道斜拉索的办法减小屋盖自由长度，起到稳定作用（图 4.63）。此外，对于跨

　　①　小国ダラスステーシヨン，新建築，p243～248，1994（1）

　　②　Portuguese Exemplar, The Architectural Review, p28～30, 1998（7）

度不大的屋盖，可采用劲型钢材（如型钢）形成下垂形单曲面网格，靠自身刚度即可保持
稳定，如诺曼·福斯特设计的东京世纪塔楼（Century Tower)[1]，塔楼底部附属休息厅采
用一侧倾斜的悬垂屋盖（图 5.28）。又如位于意大利维琴察（Vicenza）的某公司办公建筑
（Office Building of Lowara Company，建筑设计：Renzo Piano Building Workshop)[2] 由
型钢上铺波形瓦形成不对称悬垂屋盖（图 5.29）。

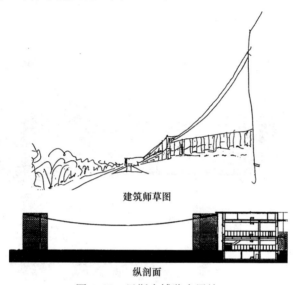

建筑师草图

纵剖面

图 5.27　里斯本博览会展馆

Fig 5.27　Lisbon EXPO Hall

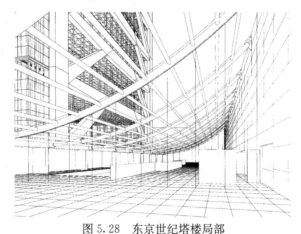

图 5.28　东京世纪塔楼局部

Fig 5.28　Part of Tokyo Century Tower

5.5.2　树状结构

　　树状结构是奥托（Frei Otto)[3] 在 20 世纪 60 年代提出的一个重要的结构形态概念

---

[1]　Alastair Best，Foster's Century，The Architectural Review，p29～33，1988（8）

[2]　Shunji Ishida，Office Building，Vicenza，Italy，GA Document（28），p76～81，1991

[3]　Bruno Pedretti，Sulla trasmissione vitale della critica，Casabella，p22～24，1989（5）

（图 5.30）。尽管它是自然界的一种极其普遍的结构形态，但真正意义上的树状结构长期以来却难以在建筑领域得到应用。这除了建筑的侧向稳定要求要比树木更重要以外，还与树状结构的意义未能引起人们的重视有关。其实，现有结构形式中有很多都可以算作树状结构的简化形式。在本书作者看来，中国传统的斗拱在结构形态上就具有树状结构的本质特征，如图 5.31 所示。

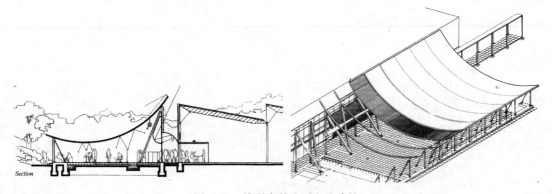

图 5.29　维琴察某公司办公建筑

Fig 5.29　A office building in Vicenza

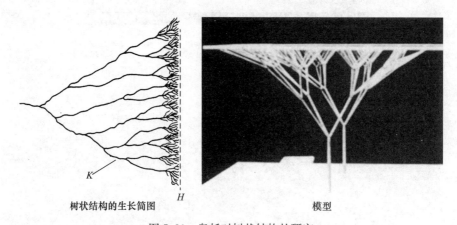

树状结构的生长简图　　　　　　　　　　模型

图 5.30　奥托对树状结构的研究

Fig 5.30　Otto's research on branch structure

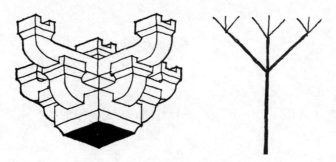

图 5.31　斗拱与树状结构的形态对比

Fig 5.31　Morphological contrast between *Dougong* and branch structure

在现代建筑实践中，树状结构的应用已有所表现。这里，将其分为典型形式、变化形式与简化形式三个方面。

(1) 典型的树状结构

多级分枝、三维伸展是树状结构的典型形态特征。自然的树枝尽管有一定的生长分蘖规律，但随机性较强。对这类特别复杂的结构进行分析，要靠分形几何来划分单元、构筑形态。作为建筑结构，要有一定的规则性，以便于找形和加工。分枝节点必须采用相贯形式，以保证形态的真实性，因此对加工精度要求很高。斯图加特机场候机楼（建筑设计：Von Gerkan, Marg & Partners）[1] 是最为典型的大规模树状结构建筑，它的结构形态是在奥托主持下的轻型结构研究所通过多年试验研究最终确定的。候机大厅屋面呈一侧倾斜平面，内部采用了大型的树状支撑结构体系，呈三级分权（图 5.32）。大厅面积 82.80m×93.6m，共 12 根树状束柱，柱网尺寸 32.40m×21.60m。大厅由于支撑众多、横向分枝深远，有助于克服整体结构的水平稳定问题。从表现手法来看，这里，建筑师借用结构形态和现代技术表达了建筑与人的亲近感。又如某法院（建筑设计：Jourda & Perraudin）[2,3] 的正立面被设计成有六根钢结构树状支撑的大型雨篷，圆形钢柱下部设加劲肋，柱头为空间树状支撑，与顶面网架相结合有三级之多（图 5.33）。此外，法国 A7 高速公路收费站（Autoroute A7, Cavillon）[4] 也采用了树状结构（图 5.34）。

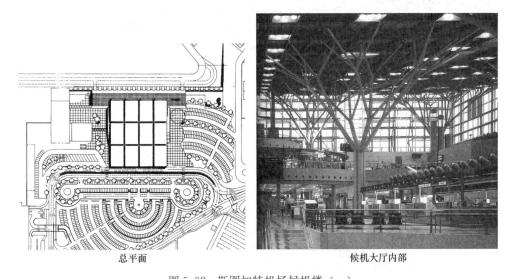

总平面　　　　　　　　　　　　　　　　候机大厅内部

图 5.32　斯图加特机场候机楼（一）

Fig 5.32　Passenger Terminal of Stuttgart Airport（1）

① Passenger Terminal, Stuttgart Airport, Architectural Design (AD), p64~67, 1993 (7-8)

② Jourda architects, Cing en un-Palais de Justice, Melun, Techniques & Architecture (439), p22~25, 1998 (8-9)

③ F-H. Jourda & Perraudin, Palis de justice de Melun, cree (284), p60~67

④ Beguin et Macchini, Pége arborescent, Techniques & Architecture (435), p96, 1997 (12) -1998 (1)

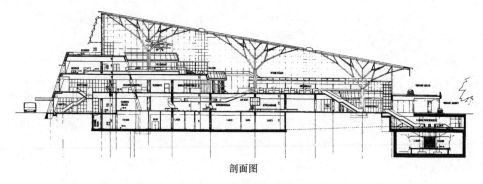

剖面图

图 5.32　斯图加特机场候机楼（二）

Fig 5.32　Passenger Terminal of Stuttgart Airport（2）

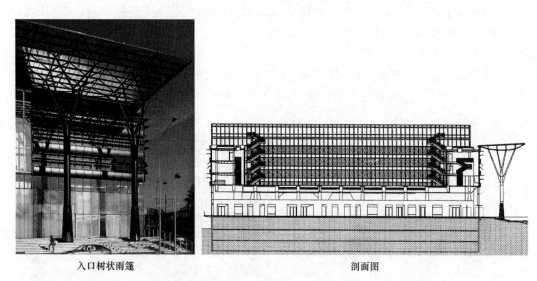

入口树状雨篷　　　　　　　　　　　　　　　剖面图

图 5.33　某法院

Fig 5.33　A court building in France

图 5.34　法国 A7 高速公路收费站

Fig 5.34　Toll Station of A7 Motorway in France

（2）变化的树状结构

变化的树状结构通常是对具象的树状结构作某种抽象化的变形，比如，在一个平面内采用变化的分枝形式，可收到较好的艺术效果。在法国某学院教学楼（Complesso Scolas-tico a Cergy-Pontoise）[1] 设计中，建筑师 Ricardo Porro & Renaud de la Noue 在入口与大厅等大空间部位大量采用树状支撑柱。这些柱子或倾斜或垂直，主体为下粗上细的混凝土圆柱，柱头（capitelli）为艺术变形的两片铸钢树状支撑（图 5.35）。该设计之所以要把树的形态用于学校建筑，是因为设计者把它看作是成长与教育的象征（L'arbre comme symbole de croissance et d'éducation）[2]。类似的做法在挪威 Tonsberg 公共图书馆（Tonsberg Public Library，建筑设计：Lunde & Løvseth）[3],[4] 设计中也有所表现，只不过更为简化（图 5.36）。

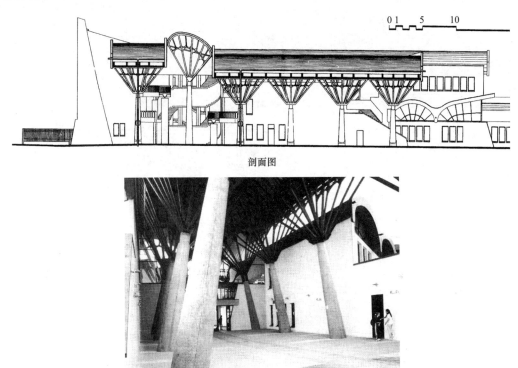

剖面图

图 5.35　法国某学院教学楼

Fig 5.35　A college building in France

（3）简化的树状结构

一种是单级分枝的 V 形支撑，它通常是在支撑柱与空间网架结构屋面间起过渡作用；另一种是组合结构的 V 形支撑，它是采用普通桁架或索桁架等作为支撑构件或组成完整的支撑体系；还有一种是锥形支撑，它是用实体混凝土筑成上粗下细的支柱。

如丹麦 Kolding 的室内游泳池（Swimming bath，Kolding，建筑设计：Nøhr & Sigs-

①　All'ombra dei capitelli in fiore，L'architettura（515），p534~535，1998（9）

②　Symboles Réctivé—Collége de Cergy-Le-Haut，Cergy-Pontoise，Techniques & Architecture（437），p48~51，1998（4）

③　Le Savoir Offert—Biblio，Techniques & Architecture（414），p81~83，1994（7）

④　Henry Miles，Library Tonsberg，Norway，The Architectural Review，p42~47，1992（11） gaard)[1] 即采用了简单的 V 形支撑（图 5.37）。由于四根混凝土柱中的两根与附属建筑相连，所以 V 形支撑能够保证屋面的稳定。

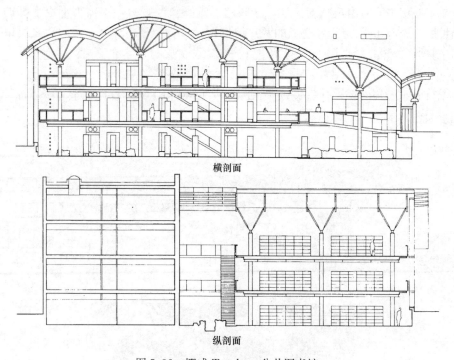

横剖面

纵剖面

图 5.36　挪威 Tonsberg 公共图书馆

Fig 5.36　Tonsberg Public Library in Norway

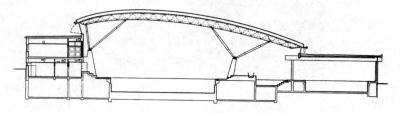

图 5.37　丹麦 kolding 的室内游泳池

Fig 5.37　A swimming bath in Denmark

由 Foster Associates 设计的斯坦斯特德空港（Stansted，Essex，England）[2]（图 5.38），在方案构思过程中，始终将屋面及支撑结构单元作为重点。从各个阶段的方案设计成果来看，V 形支撑的基本原则贯穿始终。如，早期方案（a），"树干"和"树枝"均为桁架，支撑着由压杆和拉索组成的小型屋面结构，这里，"树干"底部平面是斜放的正方形；在随后的修改方案（b）中，仍采用小型屋面结构形式，又将桁架型"树枝"改为由张拉索张紧的焊接框架，正方形"树干"改为正放；通过进一步的精心设计改进，方案（c）扩大了屋面规模，采用小

①　Nøhr & Sigsgaard, Swimming bath, Kolding, Denmark, The Architectural Review，p52～56，1995

②　Thomas Fisher，Against Entropy，Progressive Architecture (PA)，p54～59，1991 (12)

型桁架式井格梁作为屋面结构；在最终落实的方案（d）中，屋面结构采用了单层网壳穹顶结构。总的来说，无论屋面结构，还是树状支撑结构，都是越改越轻薄，越改越简洁。

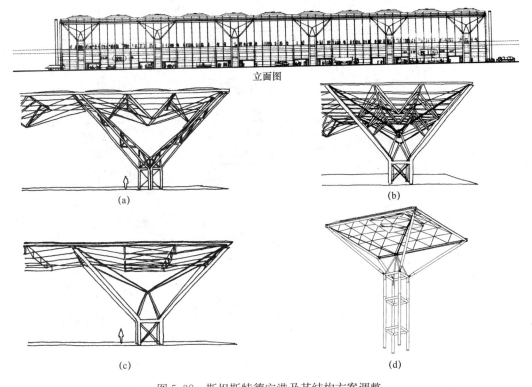

图 5.38　斯坦斯特德空港及其结构方案调整

Fig 5.38　Stansted Air Terminal and its structural project adjustment

德国某大楼（建筑设计：J. Stirling & M. Wilford)[1,2]，建筑平面呈弧形。为维持该地块的坡地形态，底层采用多个锥形混凝土墩支撑架空，上有三层楼，端部楼梯间落地，起到维护结构稳定的作用。而且，多个锥体呈弧线分布，而不是在一条线上，这对结构稳定也有帮助，前一章对此已有讨论（图 5.39 及图 4.52）。

5.5.3　膜材料与膜结构

织物在人类生活中有着长期的应用历史，帐篷即被视为早期的张拉膜结构。膜与索相比，一个是面材，一个是线材。它们的共性在于只能承拉而不能承压，且只有当它们处于张拉状态时，才表现出刚度特性。膜材料若用于建筑围护，面对多变的外力作用（如风荷载）必须保持较为稳定的形状。直到 20 世纪，人们才在理论上认识到，膜必须在双向张力作用下呈反向双曲面形式，才能保持稳定，尽管这一认识在感性上并不复杂。高强度、耐久性、自洁性和透光率是现代建筑对膜材料的主要要求。从早期的聚脂纤维布涂敷聚氯乙烯（PVC）膜到后来的玻璃纤维布涂敷聚四氟乙烯（PTFE），以及聚脂纤维布涂敷聚四氟

[1]　Decalages—Complexe industriel de Braun, Techniques & Architecture（409），p70～77，1993（9）

[2]　James Stirling, Werksanlage in Melsungen, Baumeister, p22～26, 1993（4）

乙烯等。此外，性能价格比也是影响膜材料进入建筑市场的重要因素①。

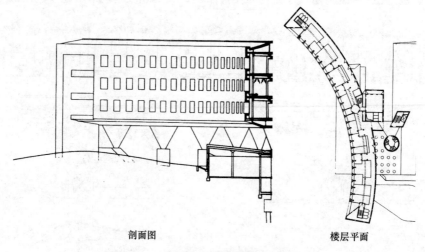

剖面图　　　　　　　　　　　　　　　　楼层平面

图 5.39　德国某大楼锥形混凝土墩支撑

Fig 5.39　Building with coniform concrete support in Germany

膜结构已成为人们时常提起的一种结构形式。不过，并非某一建筑使用了膜材料就可将其称为膜结构建筑，相反，只要在结构原理上具有膜结构性质，即使未采用织物材料，也可称为膜结构，如苏联 Krylatskoe 奥林匹克自行车馆（设计：N. Voronina 等）采用的是索网加铁皮屋面②（图 5.40），慕尼黑奥林匹克体育场采用的是索网加有机玻璃（图 5.5），从原理来看，它们也可算作膜结构。从膜材料在建筑中是否发挥结构作用上，可以将其分为两方面：膜结构与膜覆盖。

图 5.40　苏联 Krylatskoe 奥林匹克自行车馆剖面

Fig 5.40　Section of Krylatskeo Olympic Cycling Hall in former Soviet Union

（1）膜结构及索膜结合、拱膜结合

膜需要与其他的柔性结构（如索）或刚性结构（如框架、拱）相结合，以组成能够共同工作的膜结构。由于现有的膜材料在抗拉强度方面的制约，单块膜材料的应用尺度有很大限制。此外，膜材料的抗撕裂强度也是有一定限度的，在较大张力下若产生显著皱褶，对材料不利，而且表面不够光滑，还有碍观瞻。在一般建筑小品中，如遮阳篷和活动帐篷等，膜材料可以担当结构形态的主要构成者。但对于跨度较大及形态较复杂的建筑，结构形态则是以索为主、索膜结合来构筑的。此外，气承式结构可实现较大跨度的穹顶。

① 蓝天，郭璐，膜结构在大跨度建筑中的应用，建筑结构，p37～42，1992（6）

② Primo Piano, Le tensostrutture, Casabella（559），1989（7-8）

芬兰驻美国大使馆的室外凉篷[1]以简洁的十字杆件作为膜顶的支撑（图 5.41）。位于北希尔兹（North Shields）的英国某公司（Morrison developments Limited，MEPC（UK）Limited，建筑设计：Faulkner Browns'）[2]，将 PVC 膜与索和支撑杆组合，形成遮阳棚（图 5.42）。

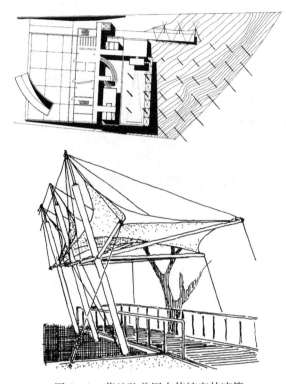

图 5.41 芬兰驻美国大使馆室外凉篷

Fig 5.41 Finnish Embassy in Washington DC

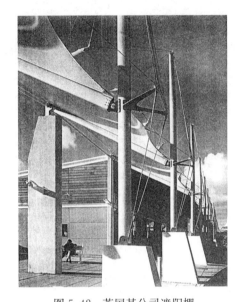

图 5.42 英国某公司遮阳棚

Fig 5.42 Shelter of a company building

意大利 Venafro 化工研究实验室（Research Laboratory，Venafro，Italy）[3] 以多榀三角形空间桁架拱为支撑体，与膜及纵向拉索相结合，构成了形态和谐、结构完整的膜结构。整个建筑置于水面的中央，良好的环境为结构的表现增色不少（图 5.43）。

位于伦敦格林尼治半岛的千年穹顶（建筑设计：Richard Rogers Partnership，结构设计：Buro Happold）是迄今为止规模最大的空间结构。该穹顶直径达 320m，周长超过 1km。12 根格构式梭形钢桅杆高达 100m，通过斜拉索与辐向、环向索组成稳定的张拉球形结构，上覆双层膜，以利隔声、隔热。其建筑造型曾引起人们的不同联想，甚至招致讥讽，但该建筑形态简洁、结构鲜明，仍是一个获得广泛赞誉的成功作品[4]（图 5.44）。

---

① Finnish Embassy, Washington D C, The Architectural Review, p36～40, 1994（10）

② Du Bois Pour des Magasins D' usines, cree（276），p94

③ Research Laboratory, Venafro, Italy, Space Design（SD），p85～88iii, 1993（7）

④ Charles Jencks, Introduction—Millennium Time-Bomb, Architectural Design（AD），p4～5, 1999（11-12）

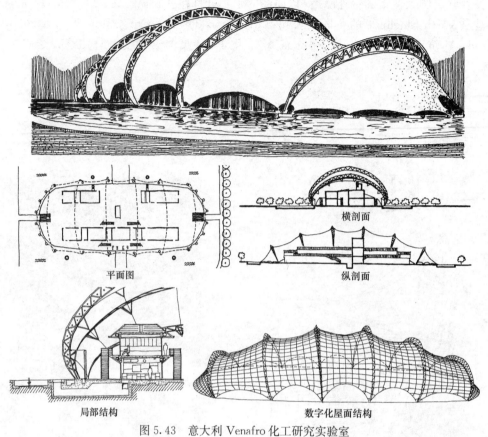

图 5.43　意大利 Venafro 化工研究实验室

Fig 5.43　Chemical Research Laboratory in Venafro，Italy

科隆音乐厅[①]（Der Musical Dome in Köln）位于 Breslaner 广场。以高度分别为 32.4m 和 27m、跨度为 58m 的四个桁架拱与索为主体，与膜材料组合，形成巨大的建筑空间。其独特的造型与高耸的哥特式教堂相映成趣，成为一次现代与传统的对话（图 5.45）。

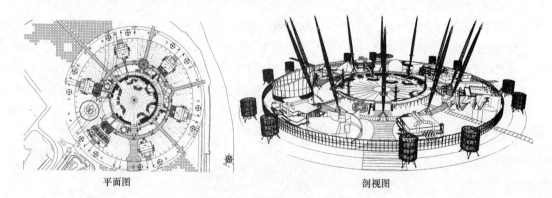

图 5.44　伦敦千年穹顶（一）

Fig 5.44　Millennium Dome in London（1）

---

① 　Europas zweites Mobiltheater: Der Musical Dome in Köln，Bauen mit Textilien，p33～38，1997（s）

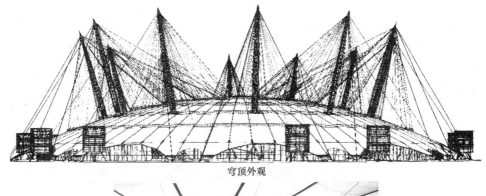

穹顶外观

穹顶内部

图 5.44　伦敦千年穹顶（二）

Fig 5.44　Millennium Dome in London（2）

（2）作为覆盖材料的膜织物

位于普利茅斯（Plymouth）的商业中心停车场（图 5.46）（建筑设计：Jeremy Dixon & Edward Jones）[1,2]，一幅幅上翘的联排雨篷，采用钢管焊接成双曲面网格，下部辅以多点钢杆支撑，上部覆盖白色 PVC 薄膜。其外观形态完全由刚性结构构成，膜材料在此的确只是起覆盖和表面装饰作用。日本折尾体育中心（Orio Sports Center）[3] 屋面结构采用双层空间网架，构成 S 形双曲面，其上采用了膜屋面（图 5.47）。

这里，膜材料不参与整体结构形态的构成，只作为屋面覆盖材料，而结构主体大多由刚性结构构成。但由于材料质地特点，仍具有很强的建筑表现力。

5.5.4　巨型结构

巨型结构是将较为简单的结构单体形式运用于大型建筑的整体结构设计，如巨型桁架、巨型框架、巨型筒体等，主要用在高层建筑和高耸构筑物上。建筑方面的优势在于能够赢

---

①　Sainsbury's Superstore，Centre Commercial，cree（276），p91～93

②　Jeremy Dixon & Edward Jones，Sainsbury's Superstore，Plymouth，Architectural Design（AD），p60～63，1995（9-10）

③　折尾スポーシヤツター，Space Design（SD），p62～63iii，1994（4）

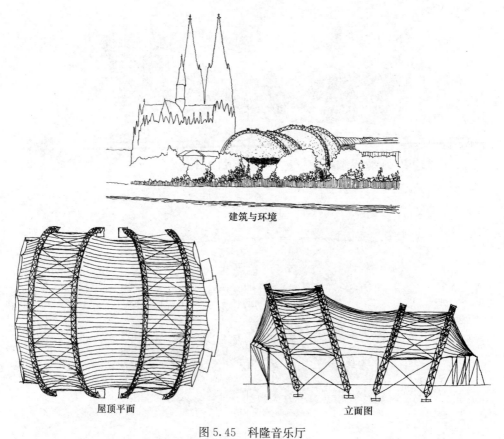

建筑与环境

屋顶平面　　　　　　　　　　　立面图

图 5.45　科隆音乐厅

Fig 5.45　Musical Dome in Colon

图 5.46　普利茅斯某商业中心停车场

Fig 5.46　Parking of a Commercial Center in Plymouth

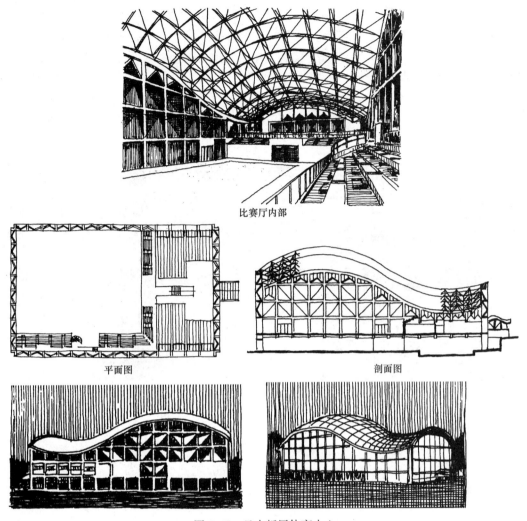

比赛厅内部

平面图   剖面图

图 5.47　日本折尾体育中心

Fig 5.47　Orio Sports Center in Japan

得较大的内部空间，可相对自由地进行分割。此外，还能够以大尺度的结构构件展示简洁而鲜明的建筑外部形象。巨型结构通常作为母结构（一级结构），其构件尺度跨越多个楼层甚至整个建筑，然后，在其中布置与楼层尺度大小相当的子结构。这里按线与面两种形态分别讨论。

（1）线型结构

巨型框架结构在超高层建筑中有着实用价值。它首先由大尺度的巨型框架构成建筑的主体结构，然后在其中布置一般尺度的普通结构。诺曼·福斯特设计的香港汇丰银行大楼，整体为钢结构悬挂式巨型框架，再在巨大的桁架中布置楼层，从而赢得了内部的灵活布置和底层空间的通透（图 4.67）。诺曼·福斯特设计的另一幢位于东京的世纪塔楼（Century Tower）[①] 也是巨型框架，不过采用的是混凝土。立面上，构件的布置、杆件形态变化与受力状态非常吻合，并以沉稳的外表在地震多发地区树立了结构的抗震形象（图 5.48）。

① Alastair Best，Foster's Century，The Architectural Review，p29～33，1988（8）

巨型桁架结构则充分利用了其构件处于拉、压单向受力状态的特点。这不仅符合了结构自身的合理性，也在视觉形态上使人们展开了对传统桁架结构的联想，易于获得认同。典型实例要属贝聿铭（I. M. Pei）设计的香港中银大厦（图 5.49），它以大尺度的桁架杆件统率了各个立面，在形式上给人一种稳定合理的印象，再巧妙地以形体构成中恰当的切削手法相配合，使作品呈现出刚劲自然的表现效果。它在形态构成上的极大成功冲淡了抱着传统风水观念的部分人士的非议，以破中有立的形象，成为告别过去、构筑未来的象征。

 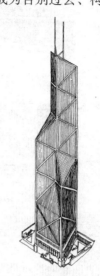

图 5.48　东京的世纪塔楼　　　　　图 5.49　香港中银大厦

Fig 5.48　Century Tower in Tokyo　　Fig 5.49　Bank of China in Hong Kong

巨型拱结构也可用于构筑底层大空间的高层建筑，如 SOM 设计的伦敦某大楼（Broadgate Development，London）[①]，立面上以横跨整个建筑纵长的钢拱结构承托上部结构，以跨越地铁（图 5.50）。与之相反，美国明尼阿波利斯市联邦储备银行大楼是以悬链线形的悬挂结构作为承重主体，其加层方案又拟采用巨型拱结构（图 5.51）。

图 5.50　伦敦某大楼的拱结构

Fig 5.50　Building with arch structure in London

①　SOM，Broadgate Building，Progressive Architecture（PA），p380，1989（1）

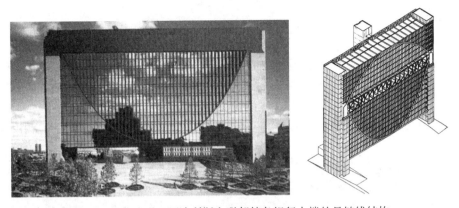

图 5.51　美国明尼阿波利斯市联邦储备银行大楼的悬链线结构

Fig 5.51　Federal Reserve Bank with catenary curve structure in Minneapolis

（2）面系结构

剪力墙体系是现代高层建筑结构的重要技术形式，它利用了混凝土墙体在面内的抗剪抗弯刚度较大的优点，解决了早期框架结构高层建筑在风荷载作用下的过大位移变形问题。筒体结构则是剪力墙结构的进一步发展，发挥混凝土筒体的空间作用，以抵御不同方向的力的作用，保证了超高层建筑的实现。面系结构与框架、桁架等结构相结合，更能适应建筑的功能要求（图 5.52）[①]。

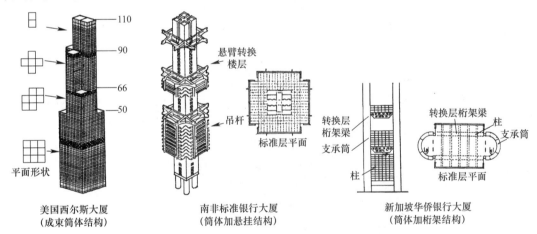

图 5.52　以筒体为主要形式的高层建筑中的面系结构

Fig 5.52　Tube as the face structural system in high-rise building

5.6　建筑结构的发展趋势

目前，结构选型主要存在着两种倾向，一方面，新材料沿用老形式，老材料趋向精美化和装饰化，结构体系本身缺乏创新；另一方面，结构形式从形态概念到设计实践需要一个较长的过程，大多取决于新材料和新技术。从结构发展的趋势来看，有以下几方面值得我们予以重视。

---

① 插图引自 赵西安，钢筋混凝土高层建筑结构设计，p2～3，中国建筑工业出版社，1992 年，北京

5.6.1　结构形态的表现形式趋于简洁实用

　　结构设计多注重实用。对于形态复杂的建筑，结构选型时，平面结构多于空间结构，因为平面结构更适应建筑造型的表现。如前面提及的法国 Roissy 机场候机楼扩建工程（建筑设计：Aéroports de Paris)[1,2]，大楼侧翼屋面采用人字形平面索桁架、通过上弦水平网格构成纵向联系，每隔一段距离在两榀桁架间设上弦交叉索作横向水平支撑，沿屋面两侧也用同样方法设上弦纵向水平支撑，构造措施在原理上与传统的单层工业厂房相同。各榀桁架结合橄榄形的建筑平面在跨度和高度上有所调整，较好地适应了建筑外形变化。特别之处在于屋架两端支撑不是用柱子，而是将桁架上弦延伸呈弧形，并辅以放射状拉索支撑于两层楼板的端部，完全是一种高技术的表现手法（图 5.10）。大阪关西国际机场屋面采用的也是由三角形截面的曲线空间桁架所组成的平面结构，通过下部斜撑和纵向联系构成整体（图 4.64、图 4.65b）。仙台机场候机楼（仙台空港旅客ターミメルビル，建筑设计：日建設計)[3]，单边波浪形的屋盖是通过一系列平面桁架构成的（图 5.53），如果采用空间网架，结构施工安装必然异常复杂。

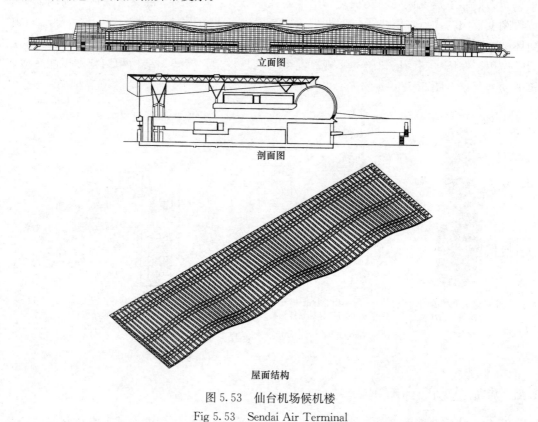

立面图

剖面图

屋面结构

图 5.53　仙台机场候机楼

Fig 5.53　Sendai Air Terminal

---

　　① Ernest Jones, Taking Flight—Airport Extension, Roissy, France, The Architectural Review, p72～75，1998（9）

　　② Grand Ciel—Aéroport Charles de Gaulle, Roissy 2, Hall F, Techniques & Architecture（437），p30～37，1998（4）

　　③ 仙台空港旅客ターミメルビル，近代建築，p61～70，1998（4）

5.6.2 传统结构形式的变化与新材料的应用

(1) 拱结构

对于传统的拱结构,一方面可根据内力分布情况采用变截面形式(如第 4 章中,图 4.47~图 4.50 等实例),另一方面可采用拱与索的组合,形成索-拱结构,既保持了拱的形态稳定,又可减小拱的截面,使结构更为轻巧。如位于墨西哥城的国家戏剧学院(National School of Theatre,Mexico City,建筑设计:Ten Arquitectos)[①],多层框架结构的一侧由一落地半拱壳包围,屋面与墙合一,形成共享空间。半拱结构为多榀弯曲钢管组成,落地端呈内收状,钢管拱的形态稳定由多根钢拉索保证(图 5.54)。类似形式的索-拱组合结构也用于位于大阪的关西国际机场,只是其规模更大(图 4.65b)。伦敦某美术展览馆(MOMI Tent,London)[②] 是以多榀相互支撑的索桁架拱组合而成的,上铺檩条和薄膜屋面,实际上就是一个可以拆装的帐篷(图 5.55)。

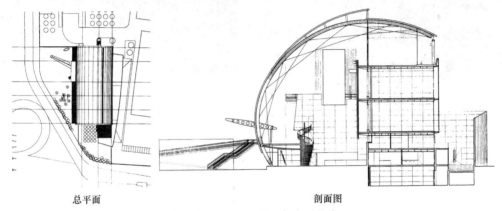

总平面　　　　　　　　　　　　　剖面图

图 5.54　墨西哥城国家戏剧学院

Fig 5.54　National School of Theatre in Mexico City

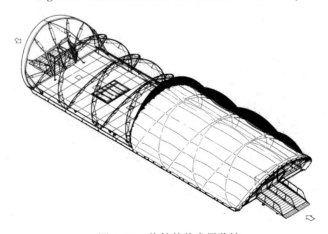

图 5.55　伦敦某美术展览馆

Fig 5.55　MOMI Tent in London

---

① Ten Arquitectos, National School of Theatre, Mexico City, Architectural Design (AD), p82~85, 1995 (9-10)

② MOMI Tent, London, Progressive Architecture (PA), p110~111, 1993 (6)

（2）混凝土结构

混凝土结构的应用更注重建筑的表现。如德国某工厂消防站[①]，入口平板雨篷设计成尖角突出，且出挑深远（图5.56）。另一大楼的入口也采用了大型尖角悬挑雨篷（图5.57）。里昂机场铁路客运站部分采用混凝土结构，构件的截面变化既符合力的分布规律，又富有形态美感（图4.61）。

图 5.56　德国某工厂消防站雨篷

Fig 5.56　Vitra Fire Station in germany

图 5.57　某大楼雨篷

Fig 5.57　Shelter of a building

（3）木结构

现代木结构的材料多采用胶合技术，既提高强度，改善力学性质，又可利用小块木料省材，还有利于提高结构防火性能。通过与其他材料的组合，如钢索、金属节点、膜屋面等，可实现较大的结构空间。如日本的大館樹海穹顶[②]为室内棒球场，跨度为178m×157m，高52m，木网壳结构，其中上下弦杆为胶合木杆，腹杆采用钢管（图5.58）。

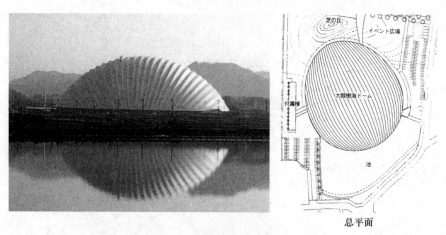

图 5.58　大館樹海室内棒球场（一）

Fig 5.58　Odate Jukai Dome in Japan（1）

---

①　Vitra Fire Station，Vitra Factory Complex，Weil-am-Rhein，Germany，GA Document（38），p20～35，1993

②　大館樹海ドームパーク，新建築，p147～160，1997（9）

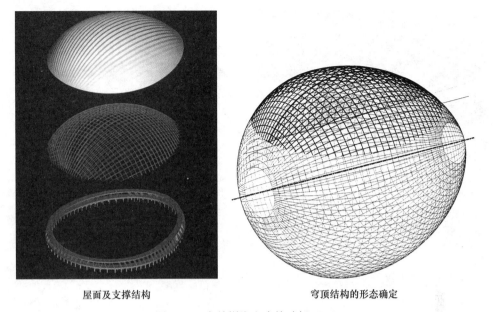

屋面及支撑结构　　　　　　　　　　　穹顶结构的形态确定

图 5.58　大館樹海室内棒球场（二）

Fig 5.58　Odate Jukai Dome in Japan（2）

在巴黎博览会 IBM 展馆（IBM Exhibit Pavilion, Paris Exposition, Paris）[①] 的设计中，建筑师伦佐·皮亚诺（Renzo Piano）与结构工程顾问奥雅纳（Ove Arup）等人为了满足 IBM 欧洲分部有关易拆卸、易搬迁和快速搭建（easily demounted, readily trucked to a new site, and quickly reerected）的要求，采用 34 榀木-金属组合桁架拱。该建筑高 23 英尺、宽 40 英尺、长 158 英尺。上下弦杆为叠合榉木，由铸铝节点连接。上下弦

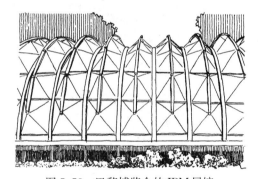

图 5.59　巴黎博览会的 IBM 展馆

Fig 5.59　IBM Exhibit Pavilion in Paris EXPO

之间为金字塔形有机玻璃天窗（图 5.59）。在设计者看来，尽管木材在该建筑所使用的大量材料中并不显眼，但它的质轻、耐久和强度，以及易于加工和对微小定位偏差的适应性非常适合可拆卸结构。此外，建筑师对木材工艺的表现力也独具慧眼。伦佐·皮亚诺对木结构的偏爱还表现在他与奥雅纳合作设计的某商场，屋架上弦为曲线形胶合木杆件，下弦为钢索，腹杆用钢管（图 5.60）。

此外，新型材料的应用还包括铝合金、胶合纸结构等。如日本某工厂仓库（紙のドーム，坂茂建築設計）[②]，即以胶合纸管作为结构构件，通过木制节点连接成拱形结构（图 5.61）。

5.6.3　新型结构不断涌现

开闭结构与可展开、可折叠结构是现今结构形态领域研究的热点。

---

① Use of Wood Framing, Progressive Architecture（PA），p90~95，1988（2）

② 坂茂建築設計，紙のドーム，新建築，p180~187，1998（4）

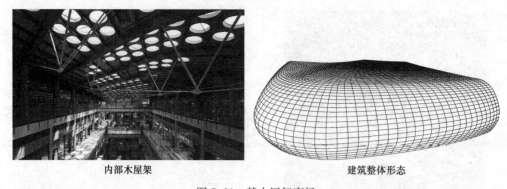

内部木屋架   建筑整体形态

图 5.60 某木屋架商场
Fig 5.60 Superstore with wood framing

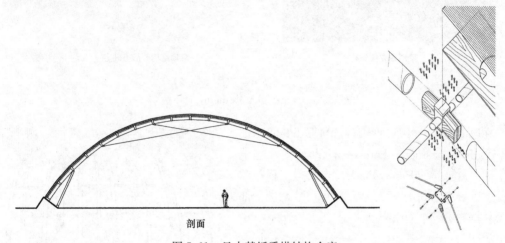

剖面

图 5.61 日本某纸质拱结构仓库
Fig 5.61 Paper arch warehouse in Japan

开闭结构应属可活动结构，其准确定义应该是，结构具有活动机制，且这种活动能够人为地控制。从"开闭"的含义来看，它针对的应该是面系结构，但用杆系结构构成的可展开式结构也可起到开闭作用。从本质上讲，建筑中的门就是最典型的开闭结构，因此并不算新事物。但是，如果着眼于对整体建筑的影响，则要靠现代技术才能解决。从结构本身来看，开闭结构算不上一种特殊类型，但由于机械和控制装置的加入，使其在有特殊功能要求的建筑中得以应用。开闭结构最早用于天文台的半球形观象厅，在大型体育建筑中的应用则集中在 20 世纪 70 年代以后。目前，开闭结构的研究与应用主要在两方面：可开闭屋面与可折叠结构。

（1）可开闭屋面

可开闭屋面在体育建筑中有广阔的应用前景，因为它能更好地反映体育与大自然亲和的一面。早期比较著名的是加拿大的蒙特尔体育场，它最初是为迎接 1976 年奥运会而建，而膜屋面则于 20 世纪 80 年代后期建成。膜屋面通过钢索悬挂在 175m 高的混凝土斜塔上，不用时可收进塔内（图 5.62）。由于原有膜材（Kevlar）质量达不到强度要求，收放和折叠使得屋面材料极易破损，遂于 1998 年改用特氟隆玻璃纤维布，但尚未完工，即在当年的雪荷载作用下发生破裂[①]。此外，汉堡某网球场[②]采用环形张拉索结构屋顶，上覆 PVC 膜。膜屋面分两部分，外圈为固定屋面，当中部分可收至中间或沿放射状索滑动展开（图 5.63）。

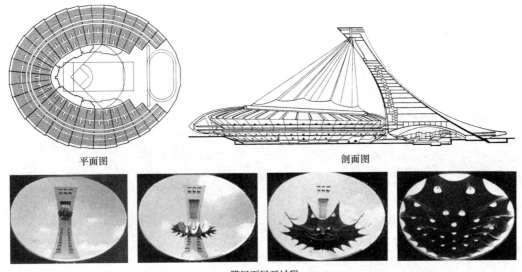

平面图　　　　　　　　　　　　　　　剖面图

膜屋面展开过程

图 5.62　蒙特利尔体育场

Fig 5.62　Montreal Stadium

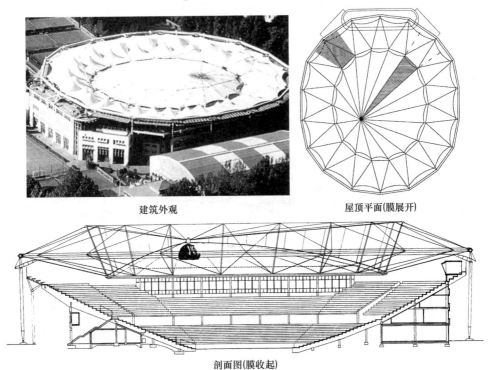

建筑外观　　　　　　　　　　屋顶平面（膜展开）

剖面图(膜收起)

图 5.63　汉堡某网球场

Fig 5.63　Tennis court in Hamburg

① 蒙特利尔体育场膜材屋顶破坏事故，空间结构简讯（76），p3，1999（6）

② Wetterpaket—Überdachung Center Court Rotherbaum, Deutsche Bauzeitschrift (DBZ)，p71～74，1999（1）

与上述"柔性方案"不同，大多数可开闭屋面采用"刚性方案"，即采用钢架形式，整体移动。如建于 1996 年的阿姆斯特丹体育场（Amsterdam ArenA）[1]，在屋顶两侧平行设置巨型空间桁架拱，以此为支撑轨道，有两片屋面可开闭滑动（图 5.64）。又如意大利的热那亚体育中心游泳馆（Genova Sports Centre）[2]，为单面看台，开闭屋面设在泳池一侧，五片屋面中，有四片可沿纵向滑动（图 5.65）。日本对开闭结构格外热衷，大型的有福冈棒球馆（图 4.69）、宫崎海洋世界（图 5.66），中小型建筑中应用得更多，主要用于风雨操场和室内游泳场，有的还设计为上下两层开闭结构（图 5.67）。

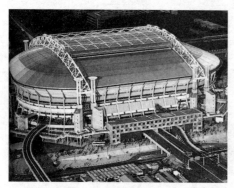 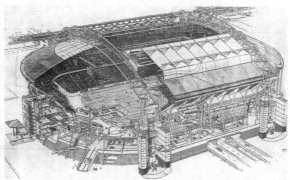

图 5.64　阿姆斯特丹体育场

Fig 5.64　Amsterdam Stadium

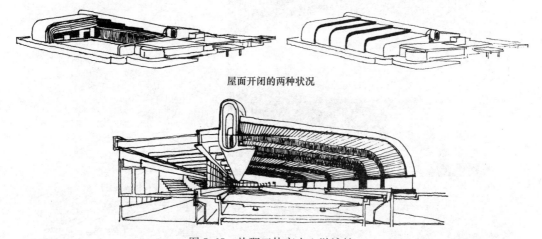

屋面开闭的两种状况

图 5.65　热那亚体育中心游泳馆

Fig 5.65　Swimming Hall of Genoa Sports Center

由于大型开闭结构对设备的自动化和稳定性要求高，投入大，属于高技术密集型产品，目前只局限于发达国家。从改善建筑的内部环境和更加亲近自然来讲，开闭结构是具有积极意义的，体现了人们对建筑的更高要求，在一定程度上代表了建筑发展的走向。

---

　　① Amsterdam ArenA，Sportställenbau und Bäderanlagen（sb），p78～84，1997（2）

　　② Centro Polisportivo，Sciorba，Genova，Sportställenbau und Bäderanlagen（sb），p230～235，1994（3）

图 5.66 宫崎海洋世界

Fig 5.66 Miyazaki Ocean World

图 5.67 日本中小型体育娱乐建筑中的开闭结构（一）

Fig 5.67 Retractable Structure of medium and small sports building in Japan （1）

图 5.67　日本中小型体育娱乐建筑中的开闭结构（二）

Fig 5.67　Retractable Structure of medium and small sports building in Japan（2）

（2）可展开与可折叠结构

可展开与可折叠结构是建立在几何形态学研究基础上的、具有可变机制的结构。这类结构中，折叠伞是人们日常生活中最为熟悉的。可展开与可折叠结构目前在航天和通信领域已发挥了重要作用，如折叠式太阳能电池板和卫星天线等。民用建筑领域仅限于小型临时性结构，如遮阳伞、小型泳池的加顶等。能用于大型公共建筑的可展开穹顶结构目前只处于初步的研究阶段（图 5.68）。

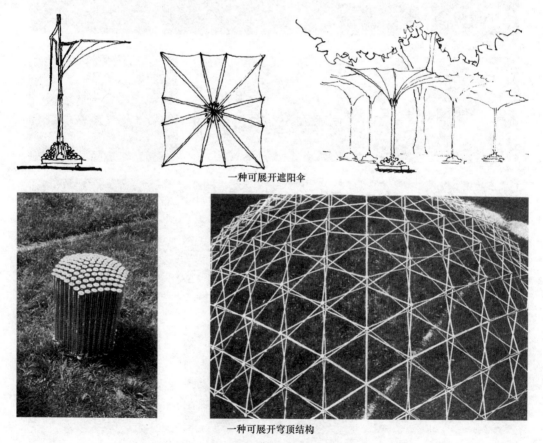

一种可展开遮阳伞

一种可展开穹顶结构

图 5.68　可展开与可折叠结构（一）

Fig 5.68　Deployable and Foldable Structure（1）

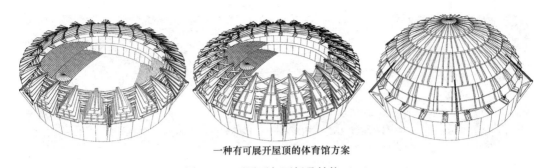

一种有可展开屋顶的体育馆方案

图 5.68　可展开与可折叠结构（二）

Fig 5.68　Deployable and Foldable Structure（2）

5.6.4　特殊领域中新型结构的应用

（1）生态环境的改善

为了营造一个适合生物生长的特殊生态环境，就需要构筑一个较大的内部空间。这就要求结构在尽可能地覆盖较大范围空间的同时，结构的构件布置也要简洁，以免影响阳光的照射。如威尔士国家植物园穹顶结构温室（National Botanic Garden of Wales）[1]（图 5.69）以及第 3 章曾提及的伊甸园方案（图 3.25）即试图实现这一目的。美国的生物圈二号实验项目的要求更高（图 5.70），需要营造一个模拟的、除采光之外与外界隔绝的局部环境[2]。毫无疑问，这一内部环境同样要通过对空间结构进行精心设计来实现。

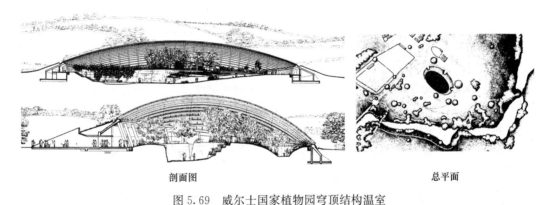

剖面图　　　　　　　　　　　　　　　　　总平面

图 5.69　威尔士国家植物园穹顶结构温室

Fig 5.69　Dome greenhouse of National Botanic Garden in Wales

从 20 世纪的发展趋势来看，强调生态、节能与环境保护将会是所有建筑的共同主题。大到超高层建筑、大空间建筑，小到普通住宅和建筑小品，建筑技术的应用都将充分考虑对环境的影响。结构作为建筑的一个重要组成部分，更应围绕这一主题进行一场新的技术革命。通过结构材料的改进、结构形态的创新、结构理论的提高和结构技术的完善，以适应新时代的需求。在维护各层次生态环境的同时，以可靠的技术手段造福于人类。

---

[1]　Welsh Myths，The Architectural Review，p65～67，2000（4）

[2]　Peter Jon Pearce，Principles of Morphology and the Future of Architecture，International Journal of Space Structures，p103～114，1996（1&2）

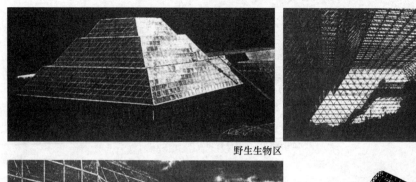

野生生物区

强化农业生物区

图 5.70 美国生物圈二号部分结构

Fig 5.70 Some structures of Biosphere II in USA

（2）旧建筑改建

西欧发达国家对传统建筑的保护极其重视，运用高技术手段进行积极的维护。为了既能保持原有建筑风貌，又能赋予新的使用功能，在旧建筑改造中充分利用新型结构的轻质、高强、大跨度，以减小对原有建筑的不利影响。新建部分清新通透的形象，与传统建筑的厚重苍劲构成鲜明对比，做到了修旧如旧，新旧有别。

伦敦布卢姆斯伯里设计办公楼（Design studios and offices，Bloomsbury，London，建筑设计：Herron Associates)[1] 的改建（图 5.71)，采用膜结构将两个旧有建筑之间的空地改造为中庭，并在原屋顶之上又加建了一层。膜屋面采用张拉索与锚状支杆结构。建筑的改造，既保持了原有建筑的特色，又展示了当代的高技术表现。

在巴黎卢浮宫的改建中[2,3]，将内部大小不等的三个封闭庭院加上了玻璃顶，既可满足采光要求，又具有遮阳、避雨和保温功能，使游客的参观环境大为改善。对这一重要的古典建筑进行改造，前提是要把对原有建筑产生的影响控制在最低限度，这就要求新建屋顶的自重须尽可能轻，为此采用了单层网格筒壳组合穹顶结构。为保持网壳的稳定，通常

① Design studios and offices，Bloomsbury，The Architectural Review，p40~45，1990（1）

② Guy Nordenson，Notes on Light and Structure，Architectural Design（AD），p8~13，1997（3-4）

③ Le Grand Louvre—Une nouvelle présence dans la ville，Techniques & Architecture（412），p72~83，1994（3）

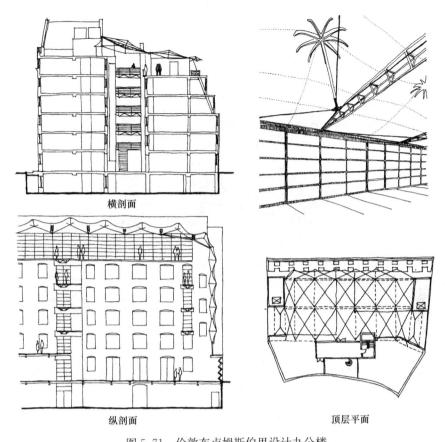

横剖面

纵剖面

顶层平面

图 5.71　伦敦布卢姆斯伯里设计办公楼

Fig 5.71　Design studios and offices in Bloomsbury

要每隔一定距离设置加劲肋拱，而该工程为了减小结构重量，采用了放射状张拉索进行加劲，且平衡索的固定端连在了网壳自身的底部边缘上（图 5.72），这样，穹顶的形态稳定完全由自身的平衡力系来保持，避免对原建筑产生额外负担。

汉堡博物馆改建时[①]（建筑设计：von Gerkan，Marg ＆ Partner，结构设计：Schlaich，Bergermann ＆ Partner），在平面为 L 形的内庭院中也加盖了玻璃顶。在穹顶形与筒拱形网壳之间、不同跨度与不同高度之间的过渡中，放射状张拉索的加劲作用非常关键。如此复杂而又轻盈透彻的屋面结构是前所未有的（图 5.73）。

里昂歌剧院在增层扩建时（建筑设计：Jean Nouvel），在原建筑顶上，以巨型钢拱结构作为结构主体和建筑表现手段。该设计使剧院使用空间增至三倍，改造的建筑效果令人称道（图 5.74）。从形态构成来看，拱形是古典建筑的传统形式，将其运用在新古典主义风格的建筑上，尽管未加任何修饰，仍能给人以协调美感。该建筑给我们的启示就是，以恰当的结构形态大胆地融入建筑设计之中，往往能够收到意想不到的极佳效果。

（3）玻璃幕墙

玻璃幕墙是建筑设计的重要表现手段，其发展完全是新技术和新材料的成果。从玻璃

---

① Museum of Hamburg History，Space Design（SD），p142～144，1997（10）

本身来讲，为克服节能方面的缺陷，许多功能性材料逐步运用到玻璃的制造工艺中。从构造方式来看，为了追求更大的通透性，对支撑结构的要求也日趋隐形化，形式也更加多变。这样，张拉索、铝合金、不锈钢等材料便发挥了巨大作用。

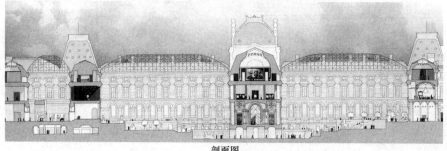

剖面图

图 5.72　巴黎卢浮宫的改建

Fig 5.72　Extension project of Louvre

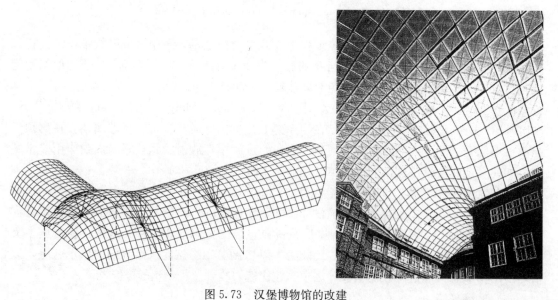

图 5.73　汉堡博物馆的改建

Fig 5.73　Extension project of Hamburg Museum

　　较常见的是平面垂直玻璃幕墙，通过张拉索及部分杆件形成稳定结构，并考虑与玻璃的共同工作（图 5.75）。通过张拉成型的、倾斜的或曲面玻璃幕墙则技术要求更高。采用

张拉索结构的玻璃幕墙，最典型的要数巴黎卢浮宫的玻璃金字塔（图 5.76）。东京某大楼[①]
（Büroturm in Tokyo，设计：Richard Rogers Partnership）中庭采用上部向内倾斜的大片
玻璃幕墙，即通过张拉索结构实现（图 5.77）。伦敦斯特拉特福德机场玻璃幕墙呈向外倾
斜之势，通过索、V 形支杆和平面框架构成稳定的弓形结构（图 5.78）。德国邮政博物馆[②]
（Deutsches Postmuseum in Frankfurt，设计：Behnisch & Partner）中庭采用内倾的曲面
玻璃幕墙，是靠拱形框架和拉索共同维持形态稳定的（图 5.79）。

图 5.74　里昂歌剧院的改建

Fig 5.74　Extension project of Lyon Opera

图 5.75　常见的张拉索结构玻璃幕墙构造

Fig 5.75　Details of Glass curtain
wall with cable structure

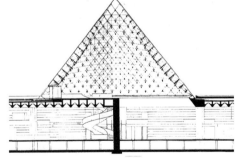

图 5.76　卢浮宫的玻璃金字塔及其剖面

Fig 5.76　Glass pyramid of Louvre and its section

相对于张拉索结构这样的柔性结构，桁架结构或实腹式支撑则属刚性结构。对于玻

---

① Richard Rogers Partnership，Büroturm in Tokio，Baumeister，p23～26，1993（11）

② Deutsches Postmuseum in Frankfurt，Baumeister，p14～27，1990（9）

璃幕墙较高、自由长度较大以及表面形态较复杂的情况，刚性支撑更易于适应。如吉隆坡国际机场航站楼[①]玻璃幕墙为曲面形式且向外（或向内）倾斜，支撑结构采用桁架形式（图 5.80）。

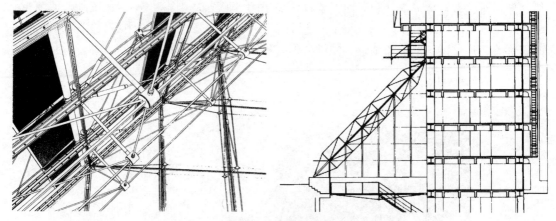

图 5.77　东京某大楼剖面及玻璃幕墙构造

Fig 5.77　Details of glass curtain wall of a building in Tokyo and its section

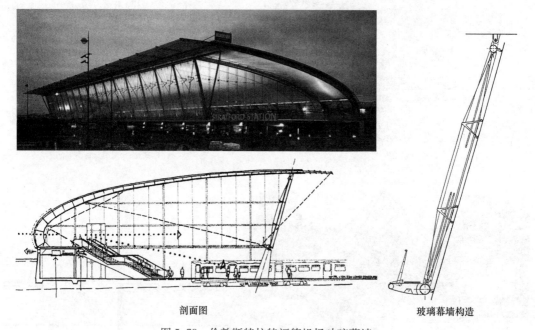

剖面图　　　　　　　　　　　　　　　　玻璃幕墙构造

图 5.78　伦敦斯特拉特福德机场玻璃幕墙

Fig 5.78　Glass curtain wall of Stratford Air Terminal in London

此外，减震措施也被用于玻璃幕墙的结构技术中。如德国某大楼中庭玻璃幕墙，除采用了张拉索结构外，压杆连接还加入了弹簧（图 5.81）。

---

① 黑川纪章，クアラルンプール新国際空港，新建築，p72～90，1998（8）

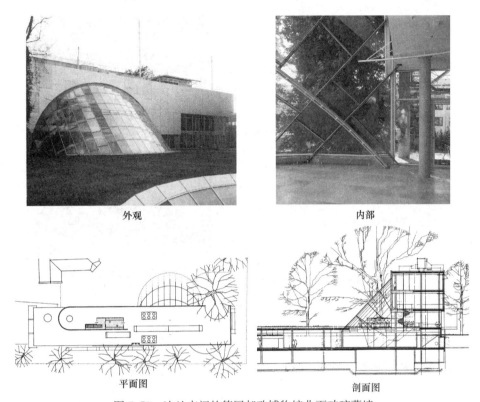

外观　　　　　　　　　　　　　　　　　内部

平面图　　　　　　　　　　　　　　　　剖面图

图 5.79　法兰克福的德国邮政博物馆曲面玻璃幕墙

Fig 5.79　Curve glass curtain wall of Dutch Postmuseum in Frankfurt

图 5.80　吉隆坡国际机场航站楼玻璃幕墙

Fig 5.80　Glass curtain wall of Kuala Lumpur International Air Terminal

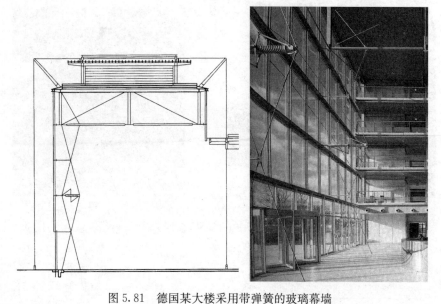

图 5.81　德国某大楼采用带弹簧的玻璃幕墙

Fig 5.81　Glass curtain wall with springs in a building in Germany

5.7　建筑与结构的专业合作

5.7.1　建筑与结构的专业关系及其发展

　　建筑的发展有其自身的规律。传统建筑所处的时代，缺乏完整而严密的结构理论体系，结构技术以经验为主导，任何一种成熟的结构形式都是通过长期的实践才逐渐形成的。结构技术一旦定型，比较易于掌握，且继承较多，发展较少。不仅建筑与结构是一体的，作为从事建筑工程的专业人员也是一体的。他们既要了解建筑的功能安排、环境处理和细部装饰，还要熟悉结构的构造和施工细节，更要兼顾当时当地的建筑美学形式和社会文化条件。出色的建筑师（匠人）必须兼具建筑和结构以及其他广博的知识和多方面的实践才能，他们的工作对象不仅是一般意义上的建筑，还涉及军事、水利、桥梁等一系列与土木工程相关的建筑物和构筑物。无论是中国春秋时代的鲁班，还是古罗马的维特鲁威；无论是中国隋代的李春，还是意大利文艺复兴时期的米开朗基罗，他们的经历和成就都能反映那个时代的建筑师的特征。

　　现代建筑是在近代工业和科学技术蓬勃发展的基础上逐渐形成的新的建筑。如果单就建筑的形式来评价它的新颖性就过于肤浅了，因为这种新的建筑形式的确立，既是现代社会物质和精神生活的功能要求，更是现代技术、特别是新材料、新结构的必然产物[①]。建筑功能的复杂、规模的庞大、环境的限制，要求一部分人必须具有较强的力学分析和结构设计能力，并能通过一定的技术手段来保证建筑具有可行性、安全性和经济性。于是，结构工程师的工作性质就十分明确。同时，建筑师也就把注意力重点放在了把握建筑的功能和形式。此外，协调相关工种之间的关系、处理业主与设计人员的关系等也成为建筑师的

---

　　① 姚亚雄，梅季魁，大跨度建筑造型中的结构形态，第九届空间结构学术会议论文集，p469～476，2000 年 9 月，萧山

重要任务。建筑师的工作内容可能因不同的时期、不同的国家地区而有所差别，但对于结构知识的掌握程度却大致相同，即了解一般的结构原理和结构技术即可。这样一来，在处理一些比较特殊的建筑时，往往出现建筑与结构的不协调甚至产生尖锐的矛盾。

　　20 世纪既是建筑与结构各自发展并取得长足进步的时期，又是建筑与结构在矛盾中不断融合并不断迸发出耀眼火花的时期。在两大专业的不和谐、甚至矛盾普遍存在的情况下，一些在建筑与结构两方面都很出色的作品以及个人就显得格外引人注目。赖特、密斯等建筑大师对技术的运用自如是人所共知的。美国的富勒（Buckminster Fuller）尽管并非科班出身，却以他天才般的想象力和不懈的追求精神创造出新型的结构和新型的建筑。德国的奥托（Frei Otto）在完成了建筑学的学业之后，又大胆地转向结构研究，并获得了博士学位，他对新型结构的研究和实践令人耳目一新，为建筑与结构的共同发展开辟了美好的前景。此外，身为结构工程师，却对建筑设计具有卓越贡献的当属意大利的奈尔维（Pier Luigi Nervi）。美国的林同炎（T. Y. Lin）及德国的施莱希（Jörg Schlaich），在结构创新的同时也都十分注重形式美的表现。

　　近几十年来，科学技术的发展，使建筑与结构的关系产生了新的、微妙的变化。西方发达国家的一些迹象表明，由于专业分工造成的生疏和隔阂似乎在逐渐弥合。以新技术的应用为显著标志的当代建筑，在表现建筑的美感与合理性方面大量运用技术手段。许多著名的建筑师大胆地采用技术手段、特别是结构技术手段来表达设计理念，如福斯特（Norman Foster）、皮亚诺（Renzo Piano）、赫尔佐格（Thomas Herzog）、格雷姆肖（Nicholas Grimshaw）、安德鲁（Paul Andreu）、卡拉特拉瓦（Calatrava）等。他们在建筑设计中始终体现出对技术表现的关注。这已很难用高技派来简单地加以归类，因为技术的应用已变得空前广泛。或许这正是我们这个时代的建筑应该具有的特征。

5.7.2　建筑与结构专业合作的几个重要因素

　　以大跨度建筑与超高层建筑为代表的现代大型公共建筑，无论在功能、造型，还是在技术上，都比以往提出了更高的要求[①]。在现代社会条件下，要求建筑师或结构工程师在建筑与结构两方面都很精通的确不易做到，以此作为对建筑设计人员的普遍要求更是不现实的。现有的分工协作关系是建筑设计的主流，仍将长期而广泛地存在于我们的建筑设计活动中。我们唯有更好地促进建筑与结构的专业合作，才是创作既美观又合理的建筑作品、实现建筑与结构的协调统一的现实之举。以往的建筑设计实践告诉我们，建筑与结构能否良好地合作取决于以下几个方面：

　　（1）建筑与结构专业合作的基础

　　建筑与结构成功合作，前提是二者都具有理解对方设计内涵的能力，即都具备便于合作的知识基础。这对建筑师与结构工程师有着不同的要求。

　　首先，建筑师应掌握一定程度的结构知识并具有灵活运用的能力。

　　结构知识是建筑师必备的重要知识内容之一。然而，由于工作内容的侧重点不同，建筑师通常对结构知识掌握得并不是很全面，特别是对于一些实践经验并不丰富的建筑师来

---

　　① 姚亚雄，梅季魁，体育建筑的方案创作与结构形态设计，1999 年体育设施建设学术交流会资料汇编，p39～45，1999 年 11 月，昆明

讲，在具体设计中往往会对结构选型和结构布置缺乏自信。有鉴于此，对于结构知识的掌握既要有所提高，又要有的放矢。

建筑师对结构知识的掌握要求到何种程度，应因人而异、因事而异。至少是要能够与结构工程师有共同语言。对于已经学过却有所遗忘的知识应及时补课，对于新结构、新材料、新技术，要有敏锐的眼光和求知的欲望，不断补充新知识。对结构知识的掌握，要与结构工程师有所不同，即不应拘泥于细枝末节，重在了解结构的本质原理，重在树立合理的结构概念，重在提高灵活运用和适当改造结构形态的能力。

其次，结构工程师对建筑师创作意图要有一定的理解能力，并且要不断发掘结构自身潜力。

人们通常存在一种误解，即结构专业主要是结构计算与绘施工图，主要是与数字打交道，不必注重形象思维的训练。其实，一个成功的结构专家，其空间想象能力、直觉判断能力和概念设计能力往往在处理问题的关键时刻发挥决定性的作用。结构方案是否合理，计算结果是否可靠，构造措施是否恰当，这一切，都要求结构工程师把逻辑思维与形象思维结合起来，把理论知识与实践经验结合起来。此外，结构工程师具备一定的美学修养，对建筑的功能要求有一定的认识，这些也都有助于其理解建筑师的创作意图。

结构的安全性始终是第一位的，结构工程师的责任也是重大的。但是，也正因为如此，从事结构设计工作的时间一长，难免会产生思想保守、无事即安的倾向。一事当前，往往消极应付，不思创新。我国现行结构规范有过于细致的缺陷，好似教科书，而结构专业的教科书又很像规范，这些虽然是从事结构设计的必备工具，却反而成为束缚结构工程师思维的藩篱。试想，对于一般的工程项目，结构选型与布置在建筑方案中已大致确定，结构计算可套用公式，构造要求可照搬规范，加之有商业化计算机软件的辅佐，还有什么值得结构工程师费尽心思而不得其解的事情呢？一个技术性、责任性很强的职业，如果长期从事"低级劳动"，那么，疏于学习、不求上进是在所难免的。结构工程师不应为思维上的懒惰寻找借口，而应发挥自身的创造性潜力。不管工程大小，都应反映出结构的特色。在条件允许的情况下，应尽可能采用先进的结构形式，使作品中建筑的合理性与结构的先进性都能有良好的表现。

（2）建筑与结构专业合作的方法

建筑设计的最大价值在于创新，用新的形式包容新的内涵，以满足新的功能。不过，建筑师对方案的初步设想或多或少会与现实条件存在距离，其中，建筑的空间形态、建筑的功能分布、建筑的环境氛围等，都有可能受到结构技术可行性的限制。有的构思可能无法实现，即使能够实现，却要付出较大的代价，或者实现的效果会大打折扣。这时候，建筑师应冷静分析、权衡利弊，既要耐心地求得结构工程师的理解与配合，也应积极、主动地调整设计方案；结构工程师也要以最大的诚意，全心投入，拿出各种可能的解决方案。双方通力合作，有针对性地找到建筑与结构的共同点，综合解决创新（建筑）与可行（结构）、合理（空间）与经济（实体）等关系问题。

在求新的同时，不应忘记现实条件的限制；在遵循客观规律的同时，也不应忘记有所创新。这是建筑与结构合作的正确方法。

（3）建筑与结构专业合作的态度

建筑师固然希望自己的设计意图能够得到完整的实现，但必须耐心听取结构工程师的意见，尽可能地调整既定方案，使合理性与现实性得到充分落实；而结构工程师虽然也希望自己的合理建议能得到采纳，但仍应虚心接受方案构思中值得肯定的成分，最大限度地满足建筑需要，积极促成其实现。

无论建筑还是结构，闭门造车是无济于事的。合作的最好方法就是彼此多多交流。在彼此尊重的前提下，对原则性问题应坚持，并赢得对方理解；对非原则性问题应互让，以便为对方留出合理表现的空间。这才是建筑与结构合作的正确态度。

（4）建筑与结构专业合作的步骤

建筑设计过程通常是以建筑师的构思开始，以全部技术问题（包括结构）得以解决结束。这里，建筑师的设计是整个项目工作的主线，而结构从方案的确定到技术细节的落实，都要与建筑设计保持协调。

在具体做法上，结构工程师不应只是简单地、被动地配合设计，而是要恰当、及时地介入建筑设计的各个环节中，为建筑师提供必要的咨询意见，避免建筑设计中由于对结构可行性估计不足而陷入消极被动的境地。建筑师更应把建筑设计中遇到的各种技术问题及时与结构工程师进行沟通，找出解决方法，保证建筑和结构方案的落实做到基本同步。

对于某些大跨度建筑，在设计时，已考虑到施工技术问题。如巴塞罗那体育馆（建筑设计：矶崎新）（图 5.82）和奈良国际会议中心（建筑设计：矶崎新）（图 5.83），其屋面结构采用地面安装，在提升中，结构各部分通过滑动机制逐渐拼合起来。这就要求在屋盖的建筑设计的同时，还要兼顾结构和施工中的要求。建筑只有保持与结构的密切合作，才能实现既定目标。

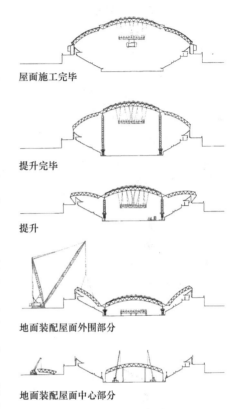

屋面施工完毕

提升完毕

提升

地面装配屋面外围部分

地面装配屋面中心部分

图 5.82　巴塞罗那体育馆屋面
结构就位过程

Fig 5.82　Roof construction process
of Barcelona Arena

图 5.83　奈良国际会议中心屋面结构就位过程

Fig 5.83　Roof construction process of Nara Conference Hall

总的来说，结构工程师在建筑与结构的专业合作中，相对总是扮演服务者的角色。要更好地发挥结构的作用，就必须主动去寻找能够体现结构特色的关键之处，加以发挥，做足文章。在平凡的设计中，实现结构的创新。以下用两个实例来加以说明。

其一，在马来西亚的槟城，拟建一座大型观音像[①]。该造像位于海岛尖域内、距海岸约 200～300m 的山顶上，山顶海拔高度 73m。造像自身高度近 30m，足下另有 4m 高的混凝土莲花基座。因其体形纤细、平面尺度小，且细部复杂，给设计带来了诸多困难。最大的问题是，在风荷载作用下，结构必须控制位移与变形，以免使与之相连的外壳发生开裂破坏。必须通过提高结构刚度来减小位移。最初，曾有人建议采用空间网架结构，但这样一来，杆件密密麻麻，内部空间难以使用，不便于内部日常上下检修维护，加之杆件种类繁多，长短不一，不利于现场拼装，该结构因而被否决。于是，结构工程师便参照高层建筑的做法，将其设计为钢框架。然而，由于内部空间的限制，难以像高层建筑一样来布置剪力墙等抗侧力构件。如果采用大量布置斜撑的办法，固然能提高刚度，但这样一来，从建筑功能到结构本质，都等于退到空间网架的老路上去，并不可取。最后，通过两方面工作，实现了结构安全与建筑功能的统一：第一，通过风洞试验了解到，观音像前后方向风压作用效应最大，但该方向上的结构刚度却最差。因而在该方向上以及在对提高刚度有显著贡献的部位有针对性地着重布置斜撑，其他方向和部位为次。经过反复优化分析，最终以较小的用钢量实现了较大的结构刚度；第二，结构布置兼顾使用功能与结构合理，内部扶梯的设计既满足了人体工学的要求，又恰当地结合了钢梁和斜撑的布置（图 5.84）。整个设计虽然过程复杂、难度较大，但从中却能够体现出结构设计的更高价值。

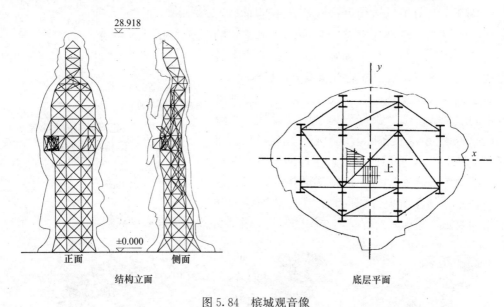

图 5.84　槟城观音像

Fig 5.84　*Guanyin* Statue in Penang

其二，深圳白沙岭居住区 20～22 号高层建筑为多塔楼、大底盘、底层大空间钢筋混凝土结构，地上 33 层，有两层裙房（大空间），地下 1 层。底部大空间的设计，使得大部分混凝土剪力墙不能落地，必须设置结构转换层。建筑设计也要求该处设置技术层，布置部

---

①　姚亚雄，黄缨，于军，槟城观音像结构分析与设计，结构工程师，p18～22，1999 年第 3 期

分设备与管道。于是，这里的结构设计就要兼顾建筑与结构两方面要求。通常的办法是采用梁式转换层，但这样做的缺点在于大梁的高度加上一定的柱高，使结构层高大大超过了建筑对层高的需要（2.2m 即可），造成浪费。若减小柱子高度，形成短柱，这又对结构的抗震十分不利。有鉴于此，结构设计便将大梁与上下两层楼板连成一体，形成并不多见的箱形结构转换层[①]（图 5.85）。而箱形结构的特点在于能充分发挥面结构的空间作用，其结构性能明显优于梁柱结构。不过，这样做给结构分析、构造设计和施工方案都带来了更多的工作量，其理论计算和技术方法都无法在现有的规范和资料中求得全部解答，但通过一定的分析研究，再结合工程实践经验，相关问题都得到了圆满的解决。可见，结构工程师不仅要在意识上有所创新（提出问题），而且在具体操作上，也要有分析问题与解决问题的能力。

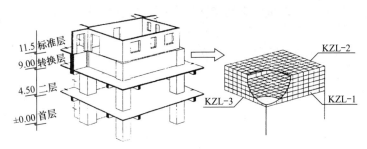

图 5.85　高层建筑箱形结构转换层结构示意图

Fig 5.85　Box transition storey of high-rise building structure

5.7.3　建筑与结构专业合作的相关教育

（1）我国建筑学教育的不足之处

首先，我国现有的建筑学在教育体制上存在一定的缺陷，即对建筑这一综合性极强的学科采用的却是较为专一化的培养方式。在这样模式下培养的只能是单一型人才，而非复合型人才。拿建筑与结构这两个关系较为密切的学科来说，仅四年的本科学习，就把原本条件基本相同的学生变成了差异悬殊的两类人，各自专业的特色虽然体现了，但彼此的生疏感也增强了，无形之中为未来的专业合作预先设置了障碍。

其次，我国现有的建筑学在教学方式上也存在不尽如人意之处，如重技巧训练，轻思维创新；重形式表达，轻内容推敲；重历史文脉，轻时代精神；重艺术文化，轻科学技术……。在建筑设计中，当面临历史与现实兼顾、主体与环境协调、形式与内容统一等复杂问题时，往往显得徒有其表、苍白无力。这样一种教学氛围，也势必影响学生对结构知识的全面掌握和灵活运用，对建筑与结构的专业合作也是极为不利的。

相形之下，欧美等发达国家的建筑学教学方式活泼，学科交叉频繁，课程设置灵活，选课内容广泛，鼓励个性的张扬，注重意识的创新，使学生毕业后能较好地适应社会的各种需要，而且也具有较强的可塑性。应该说，这才真正符合建筑学对人才培养的要求，才真正符合建筑与其他相关专业彼此协作与相互融合的要求。国外著名的建筑师中，有相当一部分人出身于艺术家或工程师。同样地，许多建筑师也能够以令人信服的手法大胆地把

---

①　姚亚雄，黄缨，高层建筑箱形转换层结构分析与设计，结构工程师，p1～7，1996 年第 4 期

结构之美融入建筑表现之中，而且有人干脆转而从事结构研究与工程实践，这些现象不足为怪。看来，建筑学更应注重素质教育。

（2）建筑教育应在不同阶段有所侧重

建筑教育大致包括基础教育、专业教育和继续教育三个阶段。为了更好地适应建筑与结构的专业合作，应在不同的阶段各有侧重。

基础教育　重在拓宽视野。不仅要保持原有的绘画、美学、历史等基础教育内容，还要重视对哲学、自然科学和信息技术等方面知识的掌握，增加经济学、管理学和社会心理学等选修内容。这些基础知识的学习，虽不能直接为建筑设计服务，但是，通过广泛的学习，能够培养比较系统的思维方式和综合分析处理问题的能力，有利于新观念的形成。如哲学中的逻辑思辨、数学中的解析思想、物理中的场的概念、化学中的分子形态、力学中的作用与形变等，这些都可以成为未来建筑创作中的灵感之源。

专业教育　重在各门专业知识间的融会贯通。以往的培养方式多局限于单科教育，如建筑历史、建筑构造、建筑结构等。学生在掌握了每一门课程的有关内容之后，还需要通过有针对性的训练，使其具有综合相关知识的能力。建筑设计课应该是综合性最强的，但设计题目的设置往往是按不同建筑类型（功能）进行分类，如幼儿园、剧场、旅馆、纪念馆等，尚缺乏与相关学科的应用进行有针对性的训练。我们不妨以结构技术的应用为题，考察学生在设计中对结构选型、结构布置、结构表现的掌握程度，培养在建筑方案设计中兼顾结构方案的能力，做到既形式新颖，又合理有序。此外，对结构课程教学也应适当改革，应围绕建筑专业的自身特点，把形象构成与结构原理有机结合起来，把了解各种结构形式与掌握形态变化、剪裁和组合的能力结合起来。还应增设结构形态设计课，通过形态设计、简单计算、模型制作和设计应用等专业训练，巩固结构知识，提高运用技能，使之成为在结构与建筑之间起桥梁作用的课程。

继续教育　重在了解和掌握新材料、新结构、新技术。与前面两个阶段相比，这是建筑师从业后的教育，其形式可不拘一格，也包含建筑师的自学。教育时间可能会跨越执业生涯的全部，但更有针对性，与实际需要结合得更紧密。其意义在于，直接地看，新材料、新结构和新技术与建筑工程关系密切，能够为解决长期困扰我们的老问题提供新的可能性，也能够使我们更加坦然地面对不断出现的新问题，为建筑创作提供新的素材，为建筑的创新提供物质保证；间接地看，新材料、新结构和新技术是开启我们智慧大门的钥匙，是建筑设计灵感的重要来源。建筑师的创新意识不是单靠自己的冥思苦想所能产生的，必须随时接受新鲜事物，刺激大脑思维系统，迸发创意的火花。当代社会的科学技术发展日新月异，执业教育的内容也在不断更新，我们只有不断地、主动地学习新知识、掌握新技术，才能应对社会发展的新挑战。

（3）建筑教育应从不同角度着力提高

建筑的教育应使学生在思维方法、动手能力和表达能力等方面有所提高。

思维方法　建筑设计首先源于设计者的构思。任何优秀的作品都离不开独特的构思。一个想法、一个意念，要使其发展为成熟的建筑构思，还有赖于正确的思维方法。与结构形态相关的建筑构思的形成，也需要一套合理的思维方法。其特点在于，要把形象与结构内在规律联系起来。遇到问题，能够知道从何处入手，并能调动一切知识储备，分析和解决问题。建筑教育应着重培养学生掌握一定的思维方式，进而引导学生形成适合其自身特点的思维方法。

动手能力　建筑设计中的动手能力是衡量学生设计水平的一个既直观、又客观的标准。通常的动手能力是以图面表达为主，也是建筑学专业的看家本领。但是，如果从建筑与结构相结合来看，还显不足。一方面，应具有借助现代化辅助工具解决问题的能力，如计算机操作、编制简单程序、网络信息获取等。另一方面，应具备借助模型制作与模型试验来观察问题、解决问题的能力，如结合结构形态的教学（见本章5.3.3），通过观察膜结构的张拉形态，建立直观的结构受力与变形概念，为建筑设计中膜屋盖形态的合理设计打下基础。

表达能力　建筑设计不可能只是建筑师单纯的个人行为。这一点务必在学生的教育训练中不断强调。作为一名建筑师，项目的来源、设计的进度、专业的协作以及作品推出后的成功与否，在很大程度上都受到各种外界条件的制约，特别是社会因素的制约。要把自己的想法完整、准确地传达给别人（包括专业合作者、项目决策者和业主），建筑师自身需要有一定的表达能力。除了以图纸、模型、计算机图形等介质来表达作品的主旨、特点、功能和意义之外，还要通过生动的语言、流畅的文笔和得体的行为举止等方式与他人沟通，以求得共识，实现作品的最大价值。贝聿铭先生的成功，在很大程度上都得益于他的耐心、毅力与为人之道，很值得我们学习。

在信息时代里，如何及时地将最新的技术成果转化为建筑师自觉的思想意识，如何适应社会的飞速发展和多元需求，这都是我们面临的重要课题。

5.8　小　结

（1）**结构形态的现实意义**　结构形态日益丰富多彩，结构作为表现建筑美的手段也日渐突出，这些情况表明，现代高技术发展在建筑领域已产生深远影响，从建筑技术、建筑形式、建筑内容到建筑审美，都发生了巨大的变化，具有鲜明的时代特征。现实要求我们必须从根本上对既有的结构和建筑思维进行创新——在高技术条件下的创新。结构形态是建筑与结构实现和谐统一的关键所在，结构形态的创新对结构的创新、对建筑的创新都会带来直接的推动作用。

（2）**结构形态的研究基础**　结构形态学的研究是开发新型建筑结构的前提，它是建立在物质形态与结构的本质关系基础之上的。形态学尽管反映的是自然界最基本的形式与结构的关系，但正因为它所揭示的规律是最简洁和最基本的，因而也就最富于变化、最能适应任何复杂的物质现象。以往的经验表明，结构形态的研究是一项长期艰苦的基础性工作，可能一时难以取得显著成果，但它对工程应用的影响是巨大的。如果没有富勒、奥托等人的长期努力，就不可能有今天的网壳、悬索和各类大跨度张拉结构的蓬勃发展。

（3）**结构形态的创新应用**　结构形态的创新促成了新结构的不断发展、新材料的广泛应用和新技术的不断成熟。索结构、膜结构、树状结构、巨型结构……，大量的新型结构为建筑表现形式的丰富多彩提供了广阔的空间。我们没有理由仍停留在固有的、封闭的几何形态构成的游戏之中，也没有必要去套用已有的建筑造型，而应以积极的态度和开放的思维方式去学习新技术、构筑新结构、创造新形象。此外，我们应该在建筑学人才的培养教育环节中，启迪学生在结构形态方面的创新思维，使其掌握基本的结构形态构成方法，这对他们未来的建筑设计是大有裨益的，必将有力地推动执业阶段中建筑与结构的专业合作。

（4）**结构形态的合理标准**　结构形态的合理性在于其实现的可能性。结构形式、材料运用、构造处理、结构耐久和技术可行，这些无不影响着结构形态的最终实现。此外，作为建筑结构，还要受到多种条件的制约。有些时候，对结构形态的处理比建筑形态更富于挑战性。面对诸多限制，设计者必须处理好感性与理性、创新与合理的关系，去追求现实的美而不是虚幻的美、自然的美而不是刻意的美，在精神创作物质化的过程中，实现美由感性到理性的升华。

（5）**结构形态的应用前景**　结构形态的不断创新，在理论上和技术上，为结构的表现提供了极大的支持。无论是新建筑的设计，还是旧建筑的改建；无论是建筑整体形象的表现，还是建筑细部的刻画，都能够体现新型结构的应用价值。我们必须及时地掌握结构发展的最新动态，敏感地捕捉能够表达结构形态的各种机遇，主动地参与到建筑活动的各个环节中去。此外，要想使结构表现的手法能够运用自如，设计者必须具备严格的逻辑思维能力和开放的形象思维能力。在建筑与结构的专业合作中，建筑师与结构工程师彼此的互信与互让、理解与沟通，将使合理的结构形态在建筑设计实践中得以完美体现。有鉴于此，无论从事结构表现的是建筑师还是结构工程师，都须实现对自我的超越。

（6）**结构形态的发展途径**　结构形态的发展，社会需要是动力，材料更新是基础，不断创新是关键。建筑师的建筑设计，应该以社会发展的最新需求为设计目标，把新的观念、新的形态、新的功能体现在作品之中，这将对结构形态的发展不断提出要求，创造新形象、提供新功能。材料科学的发展对结构形态的研究和开发提出新的课题，一些轻质、高强，注重生态与节能，同时也更具表现力的新材料将不断涌现，这为新型结构的实现提供物质可能，从而促使结构形态建立新理论、发展新技术。致力于结构形态创新的建筑师和结构工程师，要善于发现和运用科学技术发展中的新成果，发挥新材料的优良特性，围绕信息时代、知识经济、生态节能、安全舒适、优化环境、回归自然等一系列新的建筑主题开展研究工作，结合新的创作设计实践，在满足社会需求的同时，实现结构形态的创新。这就是结构形态发展的正确途径。

结构形态构思的工程实践及展望

结构形态，这个源于生物形态学的基本概念，已经成为促进建筑和结构创新的一个有利工具。结构形态构思作为建筑方案创作和深化设计的手段，离不开理论思考和工程实践，二者缺一不可。理论思考能够让我们的思维天马行空、发挥想象、展现无限的创造力，而工程实践能够检验和完善理论、物化抽象思维、成就令人信服的建筑成果。正是这种结构形态的构思和创作工作把二者联系起来，从纸上谈兵变成触手可及，成为维系理想与现实的纽带。

Chapter 6

Engineering practice and prospect of structural morphological conception

6.1　以结构形态进行建筑设计构思的基本原则

（1）了解建筑的基本需求

构筑空间是建筑的根本目的，功能和形象是建筑的两个最基本需求。无论结构形态构思的内容有多丰富、技术有多超前，只有围绕建筑的需求进行设计并最终满足建筑的需求，才有现实的价值和意义。

（2）适应有限的经济条件

要实现功能的完备和形象的美观，建筑和结构设计离不开一定的经济条件支持，具体来说，就是控制造价。任何一个工程项目的投资都是有限的，建筑师和结构工程师只能运用有限的财力来实现建筑的目标。

（3）具备相应的技术条件

要想以适当的经济条件来实现建筑的功能、美观，建筑师和结构工程师自身必须具备一定的技术能力。工程项目的前期工作虽然很多，但对于项目策划和建筑方案设计来说，无论是委托设计，还是方案竞赛或项目设计竞标，留给建筑方案创作的时间通常十分有限。如果还想把结构形态构思作为建筑创作的主线，难度会更大。设计者除了具备常见的方案构思能力，还必须具备结构形态方面的知识基础、研究基础和日常积累，这样才能在关键时刻和较短的时间内拿出可行和令人信服的建筑方案。例如，索穹顶结构成功的案例都离不开早期张拉整体结构的理论探索[①]。

（4）寻找结构形态表达的机会

建筑方案设计的手段多种多样，不同的建筑师也是因人而异。大部分的建筑作品都是循规蹈矩、平淡无奇和四平八稳的。对于有一定追求的建筑创作者来说，具备独特的个人的设计风格至关重要。结构形态表达方式正是一种能够体现设计风格独特性的重要手段。我们在日常的建筑设计过程中，无论是形态构思、立面表现，还是细部表达、难点突破，都应该主动地去寻找能够展现结构形态的机会。

（5）结构形态的表现应恰到好处

结构形态毕竟只是建筑设计中的一个辅助手段而不是最终目的。要恰如其分地通过结构形态来展示建筑的美观、实现建筑的功能，而非喧宾夺主、生硬拼凑，这需要设计者除了具备一定的能力，还要有一定的定力。结构形态的表现应该是自然而然的。要在关键的部位，恰当准确地展示结构形态，做到无可替代，真正实现建筑与结构的有机结合。

6.2　结构形态构思的工程实践

结构形态的构思离不开具体的工程实践。一方面是对以往优秀的建筑项目进行归纳总结，吸取前人的经验和长处，不断丰富自身的创作能力[②]，另一方面，也是更重要的，是有赖于设计者自身的工程实践经验积累和分析设计能力的不断提升。

笔者二十多年来有幸主持和参与了一定数量的大空间公共建筑工程设计，特别是在体

---

　　① 勒内·莫特罗著，薛素铎，刘迎春译，张拉整体结构：未来的结构体系，中国建筑工业出版社，2007 年，北京

　　② 梅季魁，姚亚雄，梅晓冰，奥运建筑与结构，建筑学报，p57～59，2003 年第 2 期

育场馆项目的创作和设计实践中，取得了一些成果，也积累了一定经验。笔者在项目设计过程中，结合工程项目的规模、类型、地域和经济条件等具体情况，有意识地把以往对结构形态的思考、分析和研究成果融入大空间建筑的创作和设计过程，形成了具有一定特色的结构形态设计方法[①]。这里选取部分有代表性的工程实例，并结合多种结构类型、结构材料和结构形态进行分析比较，阐述项目特点、介绍创作思路、展示设计结果。

6.2.1　结构类型

为了便于理解各个项目之所以采用不同结构类型和结构形态的缘由，这里首先分门别类地介绍和阐述一下在大空间建筑中经常采用的几种结构类型的基本特性和适用条件，为后续进一步梳理以结构形态构思作为创作和设计方法做知识铺垫。比较详细的阐述，可参见本书第 4 章相关内容以及其他有关结构构思与结构选型的专业论著[②]。

（1）空间网格结构

以空间网壳为代表的空间网格结构体系具有构件规整、技术成熟、厂家众多、造价较低等特点。从笔者的设计实践来看，过去几十年来，一直是大空间公共建筑中处理大跨度屋盖的首选结构形式。特别是在中小型体育建筑中应用十分广泛。其中，双层网壳由于具有刚度大、超静定次数多等特点，反而更能适应比较随意的屋面变化形态，具有较强的形态适应性[③]。

在具体项目设计和应用中，有单一形态网壳和组合形态网壳的设计方法。前者如大丰市体育馆和盐城体育运动学校田径综合馆，后者如盐城市体育馆和泗县体育馆。

（2）张拉结构

张拉结构体系的发展在近二十多年的应用呈加速趋势。对于某些项目投资宽裕、技术条件苛刻、建筑外观独特且采用传统钢结构形式并无显著经济性优势的情况下，张拉结构体系可以充分发挥其用材少、自重轻的特点。但是，由于张拉体系的力学特点，无论是张拉索，还是张拉膜，建筑形态必然要服从于结构形态的要求，不具备形态构成的随意性。

预应力张拉索既可以作为屋面覆盖结构体系的一个组成部分，如上海市徐汇游泳馆项目中的网球馆和羽毛球馆屋面结构、连云港市全民健身活动中心活动屋盖结构，也可以是屋盖结构的全部或主体，如丽水市体育馆屋面结构。

（3）钢筋混凝土高层及大空间结构

大跨度钢筋混凝土结构在 20 世纪五六十年代曾经有过辉煌，后来随着钢结构等轻型材料结构的普及而越来越少了。目前的大空间公共建筑中，只有很少的采用大跨度混凝土结构的例子。在我国，钢筋混凝土结构、特别是预应力钢筋混凝土结构，在体育建筑项目中主要是用于跨度几十米的中等跨度。在笔者看来，这有两方面的考虑。从技术因素来看，这些大空间往往隶属于结构形式为钢筋混凝土结构的建筑主体，如果主体采用钢筋混凝土结构，而局部采用钢结构，二者在结构的静力、动力性能和变形协调能力等方面差异较大，

①　姚亚雄，结构形态设计方法在体育建筑设计中的运用，第十四届空间结构会议论文集，p680～685，2012 年 11 月，福州

②　梅季魁，刘德明，姚亚雄，大跨建筑结构构思与结构选型，中国建筑工业出版社，2002 年，北京

③　Yaxiong Yao，Structural Expression in Architectural Creation with Spatial Grid Structure，IASS Symposium 2013，p234，Wroclaw，Poland

必须采取一定的技术措施才能保证彼此协调工作，相比之下，局部大空间与主体建筑同样采用混凝土结构，会更容易协调关系和彼此适应。从经济因素来看，在中小跨度上，钢筋混凝土结构在目前的国情条件下也更具有经济上的合理性。特别是在保证结构刚度和减小因运动引起的结构振动方面，钢筋混凝土结构楼面更具优势。在施工技术和施工组织上，也更易于实施。

预应力混凝土结构在多层综合性体育训练健身设施中应用较多，如盐城市全民健身中心、徐汇游泳馆和连云港市全民健身活动中心等工程，预应力混凝土梁被用于三、四十米跨度的游泳馆、网球馆，普通钢筋混凝土结构被用于跨度为十余米的多层和高层体育训练和健身设施。

（4）钢结构

以往大空间公共建筑中，钢结构普遍仅用于屋面结构，而下部支撑体系仍采用钢筋混凝土结构。随着社会经济发展和建筑技术进步，钢结构、特别是全钢框架结构用于大空间公共建筑已越来越普遍。结构质量轻、变形协调能力强、构件的工厂化加工比例高、安装精度高、现场施工方便、工期大大缩短等优势非常明显。在某些大中型体育建筑中，全钢结构会有更高的性价比，也逐渐为更多的建筑师和结构工程师所了解和认识。在项目初期的建筑创作和结构选型阶段，越来越多地趋向于采用钢结构。当然，在结构抗震、抗风和结构位移控制方面，钢框架结构与局部的钢筋混凝土筒体相结合，有时也是必不可少的。

笔者在部分体育建筑项目的设计中，主体建筑也采用了全钢结构。如连云港市全民健身活动中心体育馆，除地下空间考虑防水及人防等因素而采用钢筋混凝土结构外，地上部分全部采用钢结构，并与钢筋混凝土筒体结合，充分利用钢构件截面小、建筑可用空间大的优势，很好地解决了建筑限高与功能空间需求之间的矛盾。

（5）开闭结构

开闭结构主要体现在屋盖结构具备可开启闭合的机制，是现有结构类型与机械驱动相结合的产物。虽然在结构分类上，无论是从力学角度，还是材料角度，将其单独作为并列的结构类型似乎逻辑上说不通，但从现阶段工程应用场景考虑，还是符合业内的习惯的。随着国内部分具备可开闭屋盖的体育建筑相继建成，其被建设单位认可的程度逐渐提高。通过笔者多年来的努力尝试和推广，目前已有该类型的项目开始实施。

如上海市长风体育中心的游泳馆开闭屋盖，连云港市全民健身活动中心的体育馆活动屋盖，两个项目的活动屋盖形态与技术各具特色。

6.2.2　项目实例

（1）盐城市体育馆

盐城市体育馆作为第十届全运会的比赛馆，其设计过程就是将一系列看似矛盾，却又合乎实际需要的内容加以整合的过程（图6.1）。在功能要求方面，既要满足全运会篮球比赛以及今后排球、手球、体操等单项国际比赛的要求，又要符合日常训练、对群众体育活动开放、集会、演出等多功能活动的需要；在空间布局方面，既要符合比赛、训练以及运动员、观众的使用舒适性，又要满足空间紧凑、节约用地、节省造价的要求；在结构技术运用方面，既要实现结构空间与建筑空间的协调统一，以合理的结构形态表达独特的建筑造型，又要兼顾技术的先进、成熟、工期要求和投资控制问题；在运用新技术手段、实现节能环保方面，既要充分利用自然光，也要符合比赛对照明条件的特殊要求……。为此，我们针对这些要求进行了全面分析，并落实在具体的工程设计实践中（图 6.2～图 6.8)[①]。

(a) 入口

(b) 篮球赛

图 6.1　盐城市体育馆

Fig 6.1　Yancheng Gymnasium

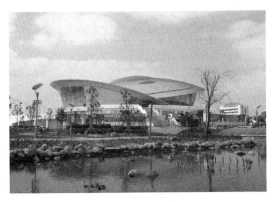

图 6.2　室外景观

Fig6.2　Outdoor landscape

图 6.3　比赛大厅

Fig 6.3　Sports hall

图 6.4　屋面及天窗

Fig6.4　Roof and skylights

图 6.5　训练厅

Fig 6.5　Training hall

---

①　姚亚雄，魏敦山，盐城市体育馆，建筑学报，p54～57，2006 年第 10 期

图 6.6   屋面结构室内照片

Fig 6.6   Photo of interior roof structure

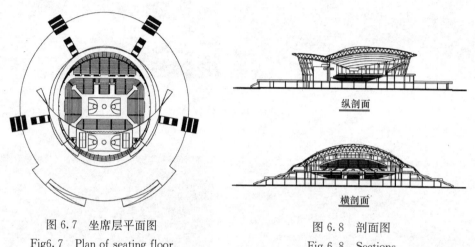

纵剖面

横剖面

图 6.7   坐席层平面图

Fig6.7   Plan of seating floor

图 6.8   剖面图

Fig 6.8   Sections

　　在空间组合方面，比赛场地、训练场地、观众席、观众休息厅……每一部分对空间的要求各不相同。确定比赛馆的场地大小是空间设计的核心。笔者根据梅季魁教授在体育馆场地方面的研究成果[①]，确定了能够兼顾专业比赛标准和日常健身需求的场地尺寸 60m×40m。这后来也成为笔者设计众多中小型多功能体育馆比赛场地的常用尺寸。观众规模也是影响建筑空间的重要因素。根据赛事要求，并结合当地的未来各类公众活动的需求，确定了篮球比赛条件下的观众人数为 6000 多人。对于这样一个中型且多功能的体育馆，合理的空间设计非常关键，因为它对于空间净高、场地照明、空调节能和建筑声学等多种因素的影响非常明显。我们最终通过合理的屋面结构形态设计，使双曲球面组合网壳既恰如其分地满足了各部分的净空要求，又尽可能地压缩了不必要的空间。建筑的外在形态就是内部功能的直接反映，做到了建筑与结构、功能与形态的和谐统一。

　　在形态构成方面，盐城市体育馆的屋面形态构思，除了考虑形态美观之外，更重要的是满足内部功能需求。比赛大厅与训练厅布置在同一个大跨度屋面之下，彼此一墙之隔，且设置了国内少有的 11m 高、30m 宽台口，并配置了活动移门，便于体育比赛和文艺演出等不同功能场景的灵活切换（图 6.5）。这种体艺结合的设计手法，成为这类体育馆设计的经典实例[②]。比赛厅与训练厅的净高需求不同。比赛厅除了球类运动规定的净高外，还要考虑灯光马道、风管、音响设备和观众视线等需求，因此，屋面的结构需要有高低变化，

①　梅季魁，现代体育馆建筑设计，黑龙江科学技术出版社，1999 年，哈尔滨

②　罗鹏等，体育馆，建筑设计资料集　第 6 分册，p51，中国建筑工业出版社，2017 年，北京

既满足净空要求，也尽可能压缩不必要的空间，有利于空调节能和声学效果。屋面结构采用双层组合钢网壳，大小两片屋面与下部功能要求完全对应。在立面形态构思方面，力求体现完整流畅和形态简洁，幕墙围合形态采用了倒圆锥形曲面，技术参数的规整有利于减少幕墙单元的种类，也有利于加工和现场安装。通过顶面与侧面的曲面几何形态相互裁切组合，形成了自然优美的高低起伏屋檐曲线（图 6.9）。

在技术运用方面，空间网壳的技术成熟可靠，构件标准化程度高，加工和安装极为迅速，造价较低，能够较好地适应工期紧张和资金有限的实际情况。网壳采用的三角锥单元，结构刚度和稳定性好，提高了结构可靠性。在单元网格生成方面，不能简单地用平面正投影对上下两层单元进行分格。由于曲面越接近边缘，斜率越大，使得腹杆与上下弦杆的夹角越小，不利于球节点的加工，于是，我们在维持原有网壳形式的基础上，将网壳的上、下网格布置作了适当调整，从而较好地解决了这一问题（图 6.11a）。由于网壳周边支撑于钢筋混凝土柱顶。如果仍按原有网格规则延伸，势必难以保证所有支撑点都能够通过合理的 V 形支撑连在网壳节点上。为此，在不影响整体效果的前提下，我们对接近支撑点的网格又作了局部调整。同时，由于三角形网格收边部分与屋盖外轮廓曲线发生冲突，且该部分暴露于建筑外立面，造成不规则的端部网格线，视觉效果不佳，于是将悬挑部分改为四角锥单元，垂直于周边曲线呈放射状（图 6.10）。此外，还根据建筑设计的要求，对悬挑部分作厚度渐变处理，使得外观看到的网壳边缘不至于过厚（图 6.11b）。对于外露、落地部分，由于实际受力并不大，在设计中，尽可能地减小球节点尺寸，既与结构的受力情况相符合，又避免了视距较近时，过大球节点所带来的结构厚重感觉[①]。屋盖结构设计计算用钢量每平方米仅 35kg，实现了结构的美观、合理和经济三者有机统一。上覆铝钛镁合金保温屋面板，并采用虹吸式排水技术。项目竣工后的几年内，屋盖体系经过数次台风考验，均安然无恙。

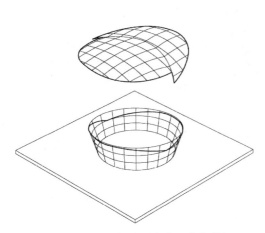

图 6.9　屋面与侧墙形态的组合与裁切

Fig 6.9　morphological combination and
cutting of roof and side wall

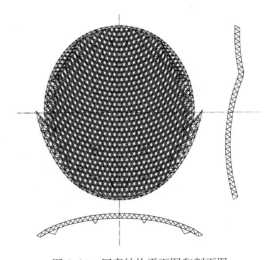

图 6.10　网壳结构平面图和剖面图

Fig 6.10　Plan and sections of grid shell

---

① 姚亚雄，周继明，盐城体育馆屋盖结构形态分析与优化设计，第十一届空间结构学术会议论文集，p565～569，2005 年 6 月，南京

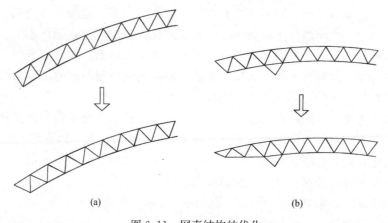

(a) (b)

图 6.11　网壳结构的优化

Fig6.11　Optimization of grid shell structure

　　本项目建筑设计：魏敦山、姚亚雄、庄楚龙，结构设计：曹国峰、周谅。项目自 2003 年 1 月开始设计，2006 年 8 月竣工。

　　（2）大丰市体育中心体育馆

　　该体育中心工程项目根据功能复杂、地块紧张等情况，采用了紧凑的总平面设计。与其他大型的体育中心不同，我们将体育馆作为体育中心的核心建筑，是一座集比赛、训练、集会、演出、会展等功能于一体的、规模适中、设施先进的综合体育馆。在十分有限的用地条件下，为了使建筑布局更加紧凑，并使投资发挥更大效率，本设计将体育馆与体育场西看台连为一体，并有屋盖从体育馆后部出挑，形成体育场主看台的雨篷。在不显著增加建筑面积和投资的前提下，使内部功能用房供场馆共用。既可使一馆、一场尽早发挥作用，又可达到节省投资的效果（图 6.12，图 6.13）。

图 6.12　大丰体育馆

Fig 6.12　Dafeng Gymnasium

图 6.13　大丰体育场

Fig 6.13　Dafeng Stadium

　　建筑功能空间的设定，决定了后续与之对应的技术措施。与前述盐城市体育馆相比，由于观众规模有所减少，健身和训练功能远多于比赛，所以，我们进行了较大的改进。场地设计兼顾了主要球类正式比赛的需要和平常体育训练与群众健身的场地要求。比赛场地尺寸仍为 60m×40m，观众坐席控制在 5000 席之内，仅保留了约三分之一的固定看台，其他均为活动坐席，包括二层的绝大部分坐席，均为可收纳形式，为平时的训练和健身尽可能多地腾出了场地空间（图 6.14）。

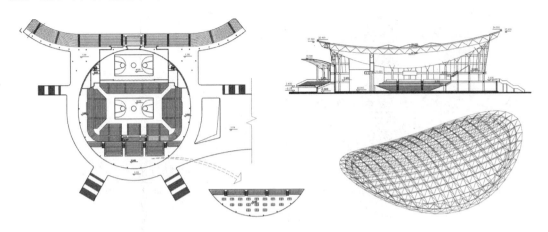

图 6.14　体育馆平面、剖面和屋盖网壳结构

Fig 6.14　Plan，section and grid shell roof structure of gymnasium

空间结构形态与内部功能的关系，是该项目重点考虑的内容之一。根据建筑规模和使用功能看，我们尽可能地压低内部空间，选取了单一形态的空间网壳，采用马鞍形双曲网壳屋面结构，使屋面的高低变化直观表现了建筑内部空间的需要，既有效地压缩了内部空间，以利于节能，又实现了建筑外部形象与内部功能之间的高度统一。同时，正放四角锥的选用，使得内部方向感更强，结构形式也更趋简洁规整和富有规律性（图 6.15～图 6.19）。

本项目建筑设计：姚亚雄、庄楚龙，结构设计：于军峰。本项目从 2008 年 4 月开始设计，体育馆及与之相连的体育场看台和其他服务设施分期设计并建设，整个体育中心于 2012 年 6 月全部竣工。

（3）盐城体育运动学校田径综合训练馆

盐城体育运动学校新校区，由教学楼、办公楼、食堂浴室、学生宿舍、田径综合训练馆等组成，总建筑面积约 44650m²。项目的规划与设计，以学校教学、办公、生活、体育

图 6.15　体育馆室内

Fig 6.15　Interior of gymnasium

图 6.16 天窗及灯光马道

Fig 6.16 Skylights and lighting stand

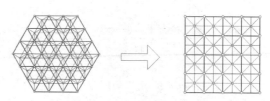

图 6.17 三角锥单元与四角锥网壳单元

Fig 6.17 Triangular pyramid and square pyramid grid shell units

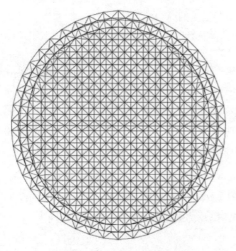

图 6.18 网壳平面图

Fig 6.18 Plan of grid shell

图 6.19 网壳剖面图

Fig 6.19 Sections of grid shell

训练为设计主线，特殊功能与立面效果相结合，用材尽量采用当地的地方材料，使体校新校区风格独特，简洁大方，成为城南新区的一景（图 6.20）。整个工程规模较大，其中包含国内少见的大空间田径综合训练馆（含 200m 室内田径跑道）[①]，除满足学校的普通体育课教学功能外，还需要满足体育专业教学和训练要求，可布置少量活动看台，举办非正式的室内田径比赛，技术难度较大。这为我们展示结构形态构思的手法提供了很好的机遇（图 6.21）。

在建筑空间布局方面，田径综合训练馆的单层大空间部分，在长轴方向中间部位布置了 200m 的室内田径跑道场地，符合 IAAF 国际田联标准。中间有 100m 直线跑道，部分向室外延伸。内场不仅用作投掷、跳高、撑杆跳和跳远等训练课，还可用作摔跤、柔道和跆拳道场地。此空间为有屋顶及镂空装饰外墙敞开的非封闭空间。在双层建筑部分，一层

---

① 姚亚雄，综合训练馆及健身中心，建筑设计资料集 第 6 分册，p72，中国建筑工业出版社，2017 年，北京

有两个举重训练室和更衣室，二层布置篮球训练场地及力量训练室和其他辅助设施（图 6.22～图6.23）。除了一层设置室内举重馆，二层设置力量训练馆之外，还设置了配套的办公室、卫生间、更衣室、器材室、弱电间、强电间，并在一层布置了值班室，以利管理（图 6.24）。

图 6.20　盐城体育运动学校鸟瞰图

Fig 6.20　Aerial view of Yancheng Sports School

图 6.21　田径综合训练馆

Fig 6.21　Athletics comprehensive training hall

图 6.22　田径训练大厅内景

Fig 6.22　Interior of athletics training hall

图 6.23　二层篮球场地

Fig 6.23　Basketball field on the second floor

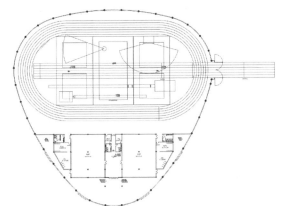

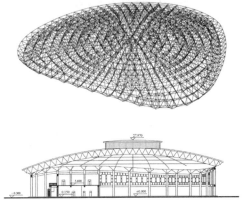

图 6.24　田径馆平面、剖面和屋盖三维结构图

Fig 6.24　Plan, section and 3D roof structure of athletics hall

在结构形态构成方面，笔者在确定平面时，首先结合跑道形式，设计了一个圆角的三角平面，这不仅减少了不必要的空间，而且三向规则的几何形式使屋面受力形态对称合理（图6.25）。此外，屋面结构选取了球面双层网壳屋盖，跨度为94m。球面空间网壳结构与圆角三角形平面的裁切组合结果，形成了立面上高低起伏自然的屋檐形态，兼顾了功能、美观和技术简洁清晰。这样的构思，实现了更大的跨度和更小的面积，所以也尽可能地减少了投资。

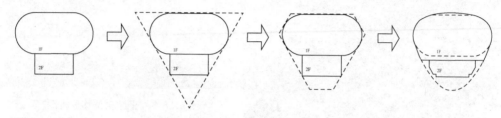

图 6.25 田径馆平面形态的演变

Fig 6.25 Evolution of the plan shape of athletics hall

在结构设计和优化方面，我们确定了屋盖双层网壳结构的厚度为4～5m，中间厚、四边薄，符合结构内力分布规律。最初的选择是三角锥形网格单元，它们排列在中心区域，外圈的正方形单元则垂直于边界曲线，但是由于杆件种类较多且节点也较多，我们继续进行了优化调整。最终确认采用四角锥形网格单元作径向布置，而不是三角锥形单元的网壳。屋盖的中央部位布置了圆形采光通风侧窗。至此，空间网格在内部和外部都能表现出优美的规则性（图6.26～图6.28）[①]。

本项目建筑设计：姚亚雄、顾微微，结构设计：蔡民军。项目于2010年1月开始设计，2014年8月竣工。

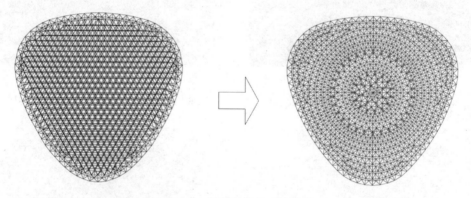

图 6.26 网壳结构单元的演化

Fig 6.26 Evolution of grid shell structural units

（4）泗县体育馆

泗县体育馆位于安徽省泗县城东新区体育中心用地的中心部位，是一个综合性的体育运动设施，包括比赛、训练、休闲和商业功能（图6.29，图6.30）。

---

① Yaxiong Yao, Structural Expression in Architectural Creation with Spatial Grid Structure, IASS Symposium 2013, p234, Wroclaw, Poland

图 6.27　田径训练大厅屋面天窗

Fig 6.27　Roof skylight of athletics training hall

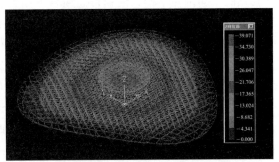

图 6.28　网壳结构位移分析图

Fig 6.28　Displacement analysis diagram of
roof grid shell structure

图 6.29　泗县体育馆

Fig 6.29　Sixian Gymnasium

图 6.30　泗县体育中心鸟瞰

Fig 6.30　Aerial view of Sixian Sports Center

在建筑空间布局方面，体育馆比赛大厅取圆形平面，跨度直径 84m。中间的比赛场地为 60m×38m，观众看台对称布置，共 5300 坐席。其中，3100 个为活动坐席，包括场地层坐席和楼面坐席，通过伸缩收放调整场地空间，可为非比赛时间的运动训练提供更多的活动场地（图 6.31）。

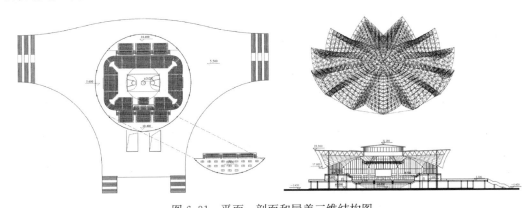

图 6.31　平面、剖面和屋盖三维结构图

Fig 6.31　Plan，section and 3D roof structure

　　在结构形态设计方面，作为县级体育建筑，投资十分有限。结构选型虽然采用了经济且成熟的空间网壳结构，但在形态组合方面力求丰富多变，即通过形态设计使简单的结构类型在规律性的组合中获得了变化。双层网壳结构屋盖由 12 个径向花瓣形组合曲面所构成。花瓣式的曲面形态，在宽大舒展的大平台衬托下，既展示了建筑的宏伟壮观，也与本土文化有所契合，亲切宜人。此外，屋顶向外延伸形成悬臂，美观的同时也抵消了跨中的部分弯矩，并使内力的分布变得更合理，一举两得。

　　在结构技术表现方面，通过不同的细部设计，将结构与建筑有机结合。由于屋面从中心向外推力变形较大，为了保持屋面的刚度和形态的稳定，只靠网壳自身来消除水平的变形位移显然是不合理的。但如果按常规做法周边设置环梁，又会影响立面的透视效果。因此，笔者在网壳外圈的开口处设置放射形拉杆结构单元组，一方面，取消环梁，通过柱间拉杆构成闭环，从而保持了建筑外观简洁和通透性；另一方面，通过垂直面内放射形预应力拉杆组与网壳形成内力平衡的结构单元体。这样，不仅形成了整体的闭合平衡环来限制壳体的支点推力，而且也加强了屋盖外围 12 个开口部位的空间网壳刚度[①]。这在国内体育馆项目中是仅有的处理方法，展示了先进的设计手法。另外，由于立面表达的需要，轮廓直径达 101.5m 的屋盖重量仅设置在 12 根环向布置的柱子上，产生了较大的支座反力。我们为此设计了特殊的球形铸钢节点来克服这一困难。

　　本项目建筑设计：姚亚雄，结构设计：姚亚雄、刘宬。本项目于 2012 年设计，2016年竣工（图 6.32～图 6.35）。

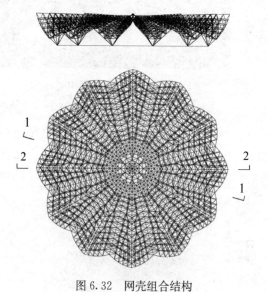

图 6.32　网壳组合结构

Fig 6.32　Grid shell combined roof structure

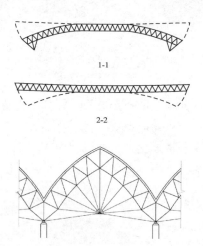

图 6.33　放射形预应力拉杆组

Fig 6.33　Radial prestressed rods assembly

（5）徐汇游泳馆

徐汇游泳馆位于上海市徐汇区枫林路，不仅是游泳运动设施，还是集专业比赛、运动

　　① Yaxiong Yao, Structural Expression in Architectural Creation with Spatial Grid Structure, IASS Symposium 2013，p234，Wroclaw, Poland

员训练、全民健身和办公为一体的现代化综合性体育建筑。总建筑面积为 $17000m^2$，包含 50m 标准池和 700 人观众席的游泳比赛馆、25m 短池游泳训练馆、四片场地的网球馆、四片场地的羽毛球馆以及乒乓球、健身、水疗、会议、运动员宿舍、食堂、办公和地下车库等多种功能[①]。同时，该项目还作为枫林体育运动学校的教学训练设施，为体育运动人才的培养提供支持。此外，在 2011 年上海国际游泳锦标赛中，徐汇游泳馆作为运动员训练泳池，为各国游泳健儿提供了专业化的服务，圆满地完成了任务。

图 6.34　屋面结构施工

Fig 6.34　Roof structure construction

图 6.35　结构细部

Fig 6.35　Structural details

　　在建筑空间组织方面，该馆集游泳、球类、健身、办公和宿舍、食堂等内容为一身，面临着功能繁杂、流线众多、各功能区技术要求迥异等诸多困难。我们在满足规划建筑限高条件下，将比赛馆的下部游泳池与上部网球场两个大空间进行叠加，将训练馆的下部训练池、中部办公层和上部羽毛球场三部分进行叠加，同时将辅助空间分为地上六层、地下二层，布置了对层高要求较低的更衣室、健身房、会议室等（图 6.36～图 6.40）。主入口门厅为两层通高，并在二层回廊处设置了能够看到比赛池全貌的观摩廊和休闲茶座。游泳馆的二层观众区设活动看台，平时看台收起后，可作为乒乓球训练房（图 6.41）。充分利

图 6.36　徐汇游泳馆

Fig 6.36　Xuhui Swimming Center

图 6.37　游泳池

Fig 6.37　Swimming pool

　　① 姚亚雄，综合训练馆及健身中心，建筑设计资料集　第 6 分册，p67，中国建筑工业出版社，2017 年，北京

用泳池下部空间布置了地下车库、水处理机房、水泵房等各类设备用房。通过合理布置竖向流线、利用大小空间的高差需求恰当组合、优化内部功能和空间布局、多功能组合转换等设计手法，在狭小的空间和有限的控制高度内，实现了体育建筑的多功能化[①]。

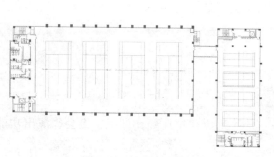

图 6.38　四层平面图

Fig 6.38　Forth floor plan

图 6.39　网球场

Fig 6.39　Tennis field

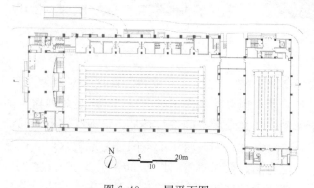

N　　5　　　20m
　　　10

图 6.40　一层平面图

Fig 6.40　First floor plan

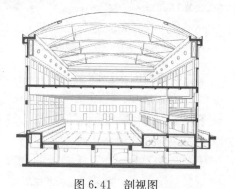

图 6.41　剖视图

Fig 6.41　Sectional view

在结构选型与设计方面，本设计大胆运用新材料、新技术。在上下两层大空间之间采用了跨度 37m 的预应力混凝土结构。对于顶层网球馆和羽毛球馆，屋面采用了双层膜屋面，充分利用了屋顶自然采光，在空调运行和室内照明方面都达到了节能效果。此外，在屋面结构形态构思方面，我们经过多次调整和优化，屋面结构最终设计为立体交叉索-拱结构体系，巧妙地利用多榀拱结构之间的跨中部位彼此相接，解决了纵向联系支撑问题，又通过提升拉索进一步增加了索下净空高度（图 6.42）[②]。这一独特的结构形态，通过索与拱的立体组合和内力平衡，既营造了简洁明快的顶部视觉效果，又大大降低了下部钢筋混凝土框架结构的水平力负荷，为大跨度空间结构形态的创新之举，实现了建筑技术与艺术的完美结合。

①　姚亚雄，徐汇游泳馆，城市建筑，p100～103，2011 年第 11 期

②　Yaxiong Yao, Structural Expression in Architectural Creation, IASS-SLTE Symposium 2008, p317～318, Acapulco, Mexico

本项目建筑设计：魏敦山、姚亚雄，结构设计：杨德才、张瑞红。该项目于 2005 年 11 月开始设计，2008 年 12 月竣工。

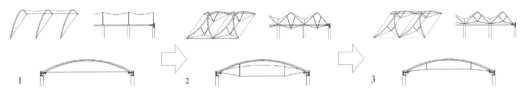

图 6.42　交叉索-拱结构形态的演化

Fig 6.42　Evolution of crossed cable-arch structure

（6）丽水市体育馆

丽水市体育馆位于浙江省丽水市莲都区。设计定位是集比赛、训练、集会、演出功能于一体，具备承办国际单项比赛的能力，兼顾市民日常休闲健身的、设施先进的综合性体育设施。本项目注重建筑造型与结构形态的有机统一，创造性地构思了轮辐式索-膜结构与单层球面网壳支撑结构相结合的新型结构体系，成为以结构形态塑造建筑形态的代表作（图 6.43，图 6.44）。

图 6.43　丽水市体育馆

Fig 6.43　Lishui Gymnasium

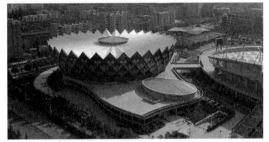

图 6.44　鸟瞰

Fig 6.44　Aerial view

建筑功能简介　体育馆建筑面积 21000m²。场地设计为 60m×40m，既满足主要球类正式比赛和体操比赛的需要，又尽可能多地满足平常体育训练和群众健身的场地要求。在全部一层活动看台展开时，可满足篮球、排球、羽毛球、乒乓球比赛对场地的需要，篮球比赛条件下的总坐席数为 5783 席，其中包括固定坐席 2583 席、活动坐席 3300 席。一层活动看台收起时，场地可布置三片篮球训练场。文艺演出和大型集会时，利用部分场地形成舞台区，在场地中间摆设散放座椅，可使观众最大规模达到 7600 人。一层原有运动员、教练员、裁判员休息室和贵宾室、接待室等，在演出时可变换为后台，成为化妆间等演出用房。体育馆设计的亮点之一是将大部分二层坐席设计为活动式。当活动坐席收起时，二层平台平时可作为球类及会展场地使用（图 6.45～图 6.48）。

建筑形态的源起及其意向表达　建筑形体取自球面的一部分，单层空间网格结构直接作为外立面，网格的构成从规律中求得变化，与折叠起伏的洁白膜屋面相结合，既显现出体育建筑的力度和稳健，又形成了与众不同的莲花形态，与项目所在地——丽水市莲都区相呼应（图 6.49，图 6.50）。该项目的结构形态的构思得益于此前另一个类似项目建筑方案的国际竞赛，虽未获得实施，但在方案创作过程中所进行的结构分析以及此后对该结构形态进行的深入研究，并发表了学术论文（图 6.51）①，获得了技术积累，从而在六年后的丽水体育馆方案竞标中一举中标。夜间在泛光照明的映衬下，建筑更显晶莹剔透，富有质感。主馆建筑形体在舒缓的大片平台的衬托下拔地而起，能够给人以莲花盛开般的遐想②。

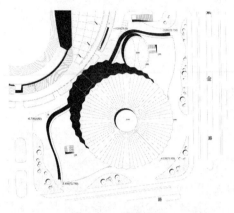

图 6.45　总平面图

Fig 6.45　Site plan

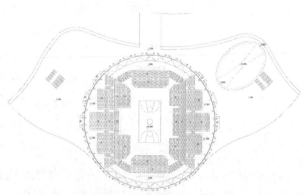

图 6.46　坐席层平面图

Fig 6.46　Plan of seat floor

图 6.47　立面图

Fig 6.47　Elevation

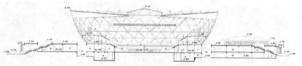

图 6.48　剖面图

Fig 6.48　Section

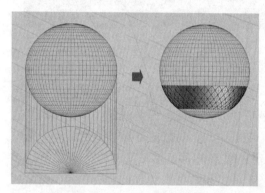

图 6.49　球面网格结构的生成

Fig 6.49　Generation of spherical grid structure

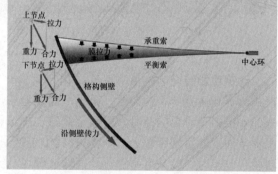

图 6.50　轮辐式索膜屋面-球面网格支撑体系传力机制

Fig 6.50　Force transmission of spoke cable membrane roof-spherical grid support structural system

结构形态的构思　结构形态源于传统翻绳游戏的启发，张开的手指与线绳网格构成了

①　Yaxiong Yao，Rong Xu，The Structural Morphology Analysis for The Latticed Shell as the Bearing Structure Combined with Tensional Cable Roof，IASS Symposium 2004，Montpellier，France

②　姚亚雄，丽水市体育馆，城市建筑，p80～87，2016 年第 12 期

稳定的结构体系。屋面大跨度轮辐式悬索与张拉膜形成索膜结构。承重索与稳定索错开布置，网格侧壁结构顶部收头高低错落，屋盖结构与支撑结构的连接恰到好处、自然合理。侧壁为球面空间网格钢结构，传力均匀、顺畅，结构形态与看台起坡形式协调一致，空间使用功能合理。创造性地设计了轮辐式索膜屋面-球面网格支撑结构体系，成为本项目的创新之举（图 6.52，图 6.53）。打破传统思路，取消悬索结构周圈的环梁，代之以网格结构自身的环向刚度，也是本工程的又一大亮点。结构表现简洁轻盈，与建筑形态的要求契合紧密，而且表里如一，无需额外装饰。这一切都需要细致准确的结构分析和计算、对结构构造和施工工艺的准确把握、现场装配与索网张拉的准确控制以及机电管线的隐藏式设计和安装等诸多环节紧密配合才能实现（图 6.54～图 6.58）。该结构体系在国内和国际多次学术交流中，获得了广泛的赞誉[①]。项目本身达到了国内领先水平，并获得了空间结构分会颁发的结构设计金奖。

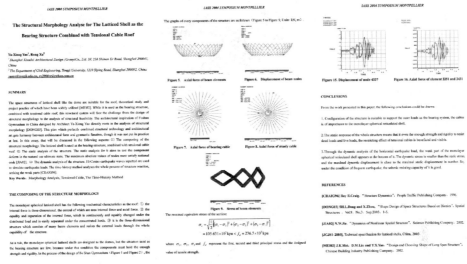

图 6.51　轮辐式索膜-球面网格支撑结构体系研究论文（IASS2004）

Fig 6.51　Paper of IASS2004 about Spoke Cable Membrane Roof-Spherical Grid Support Structural System

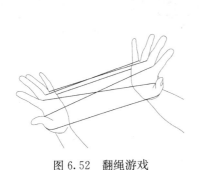

图 6.52　翻绳游戏

Fig 6.52　The game of string figure

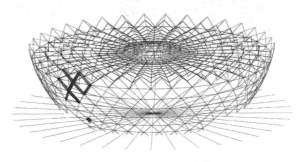

图 6.53　结构计算三维模型

Fig 6.53　Structural calculation 3D model

---

①　Yaxiong Yao，The Structural Morphology Design of Lishui Gymnasium，IASS Symposium 2018，No. 238，Boston，USA

图 6.54　体育馆场地内景

Fig 6.54　Interior view on the game field

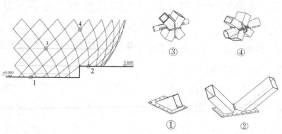

图 6.55　网格结构的节点与支座

Fig 6.55　Cross-joints and foundations of grid shell

图 6.56　十字节点的设计、有限元分析和现场施工

Fig 6.56　Design，FEM analysis and site construction of cross-joins

图 6.57　预应力索结构的张拉成形

Fig 6.57　Tension forming of the prestressed
cable structure

图 6.58　体育馆结构形态的内景和外景

Fig 6.58　Interior and exterior views of
gymnasium structural morphology

本项目建筑设计：姚亚雄，结构设计：姚亚雄、于军峰。本项目于 2009 年 12 月开始设计，2016 年 8 月竣工。

（7）盐城市全民健身中心

盐城市全民健身中心位于江苏省盐城市体育中心内，毗邻盐城市体育馆和体育场，占地 10500m²，建筑面积 28000m²。其功能包括游泳馆、保龄球馆、网球馆以及乒乓球、台球、健身、棋牌、舞蹈等各类室内运动场地，是集运动、休闲、餐饮和办公等为一身的、大规模的综合性健身服务设施（图 6.59）。该项目体现了大型健身设施的综合性特点①。

　　在功能布局方面，为保证建筑功能的合理布局和整体建筑的造型需要，本设计将游泳馆、保龄球馆和网球馆布置在地块南面多层裙房内；将其他全民健身设施、体能测试、办公接待、对外培训等功能布置在地块北面高层建筑中。裙房部分，游泳馆设置了 25m×25m 标准短池，保龄球馆布置了 20 条保龄球道，网球馆内布置了 2 片标准网球场地和 1 片篮球场地。高层建筑内，除两个楼层作为内部办公外，其余 11 个标准层全部作为健身、休闲和服务设施对外开放。内容包括乒乓球、台球、沙狐球、棋牌、飞镖、体育舞蹈、力量训练、跆拳道、武术、瑜伽、电子竞技、多媒体教学培训和体质监测等各类设施，还有餐饮、超市等服务设施（图 6.60～图 6.67）②。

图 6.59　盐城市全民健身中心

Fig 6.59　Yancheng Fitness Center

图 6.60　游泳池

Fig 6.60　Swimming pool

图 6.61　保龄球场

Fig 6.61　Bowling alleys

图 6.62　网球场

Fig 6.62　Tennis field

①　姚亚雄，我国全民健身运动设施的发展与展望，城市建筑，p26～27，2011 年第 11 期

②　姚亚雄，盐城市全民健身中心，城市建筑，p104～108，2011 年第 11 期

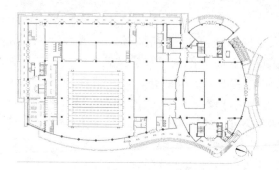

图 6.63　一层平面

Fig 6.63　First floor plan

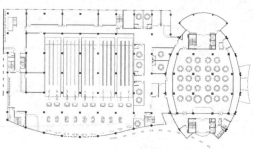

图 6.64　二层平面

Fig 6.64　Second floor plan

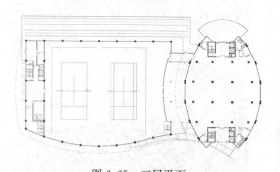

图 6.65　三层平面

Fig 6.65　Third floor plan

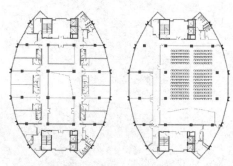

图 6.66　十层、十三层平面

Fig 6.66　Tenth and thirteenth floor

图 6.67　乒乓球馆

Fig 6.67　Table tennis hall

在建筑造型与结构选型方面，高层建筑采用高耸的曲面直筒形态，多层训练馆则采用舒展的矩形体块与飘逸的屋盖组合，二者高低对比、分合适度、相映成趣。其中，在多层裙房中，运用大跨度预应力钢筋混凝土结构技术，实现了三个无柱大空间自下而上叠合布置。顶层网球馆采用单侧弧线形钢结构，屋面与侧墙连为一体[1]。初步设计为实腹箱形截面钢构件，深化设计阶段考虑到造价控制等因素，改为三角形截面的立体桁架，构件自身的厚度相应地有所增加。高层建筑中，通过合理地安排结构柱距，保证各类小空间运动健身项目得以合理布置（图 6.68）。

本项目建筑设计：姚亚雄，结构设计：朱江、于军峰。该工程于 2007 年 2 月开始设计，2009 年 8 月竣工。

---

① 姚亚雄，综合训练馆及健身中心，建筑设计资料集　第 6 分册，p67，中国建筑工业出版社，2017 年，北京

（8）上海长风健身中心

长风综合服务中心，基地东临泸定路，西临丹巴路，南北短，东西长，地势平坦，基地总面积为 37574m²，基地内中心有一条宽为 30m 的南北向绿化带。本项目包含行政审批、社区服务、档案馆和健身中心等多项功能，总建筑面积为 131531m²。该项目规模大、综合性强、对周边地区有较大的辐射作用，作为普陀区的重点项目，得到了各方的大力支持。我们根据规划条件及项目需求，对建筑布局、功能分布、环境整合和交通组

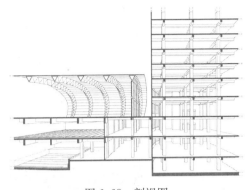

图 6.68　剖视图
Fig 6.68　Sectional view

织等各个方面进行了分析和设计。其中，健身中心和配套服务设施位于地块东侧，建筑面积约 27000m²。

建筑形象与功能布局　对于和民生密切相关的服务性建筑和健身中心，通过采用新思维、运用新技术，作了有针对性的功能提升。特别是将其中的体育健身中心布置在紧邻公园绿地的一侧，并为游泳馆设置了大空间可开闭屋盖，以利于外部自然景观的共享。该项目的设计，在建筑造型、结构新技术运用和环境营造等方面进行了创新实践。建筑造型及外立面设计简洁、线条粗犷，既反映了公共服务类建筑的现代风格和稳重大方，又突出了体育健身类建筑的特点，动静结合、虚实对比。造型独特的开闭屋盖，对建筑立面起到丰富作用，实现了建筑与环境的合理对话（图 6.69～图 6.71）。

图 6.69　上海长风健身中心
Fig 6.69　Shanghai Changfeng Fitness Center

图 6.70　活动屋盖
Fig 6.70　Retractable roof

健身中心首层为小型超市和商业服务性用房，为整个服务中心及周边居民提供便利。二、三层大部分为通高的大空间，布置羽毛球场、篮球场，小空间布置健身房和配套管理用房。四、五层的通高大空间，布置网球场、室内五人制足球场和游泳馆。其中，游泳馆布置有 50m 比赛池、25m 训练池和儿童戏水池，并布置了可收放的 600 人的观众席。在多功能转换方面，再现了徐汇游泳馆的手法。小空间布置男女更衣室、水疗和空中咖啡吧。特别是在游泳馆的泳池区布置两块顶部和侧墙可平移的活动屋盖，可以根据天气条件进行

开闭，保证泳池区与北侧公园景观环境有良好的联系（图 6.73，图 6.74)①。

图 6.71 鸟瞰图

Fig 6.71 Aerial view

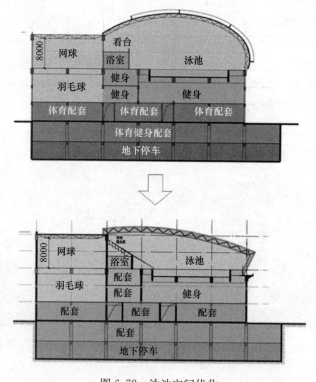

图 6.72 泳池空间优化

Fig 6.72 Optimization of swimming pool space

开闭屋盖结构形态设计 在推敲顶层游泳池的开闭屋盖形式时，我们既考虑了造型的

---

① 姚亚雄，综合训练馆及健身中心，建筑设计资料集 第 6 分册，p68，中国建筑工业出版社，2017 年，北京

新颖，也兼顾了建筑节能。最初的方案设计为单曲面弧形、一端落地。但在结构形态优化过程中考虑到该形式比较常见，而且笔者也曾在盐城市全民健身中心网球馆中使用过。此外，对于一个以训练健身为主要功能的游泳池，日常运营中的节能十分重要，其内部空间不宜过高。最后，设计了折线形单边落地形活动屋盖，单曲屋面由高到低的变化趋势，与内部的看台空间要求高和泳池空间要求低相呼应，既压缩了内部不必要空间，也实现了建筑造型的独特性（图 6.72，图 6.75，图 6.76）。

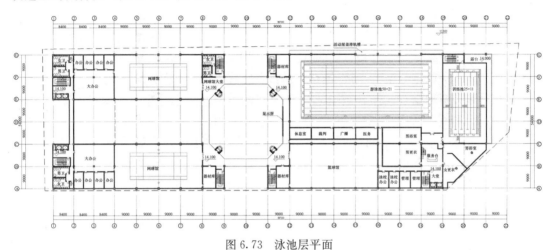

图 6.73 泳池层平面

Fig 6.73 Swimming pool floor plan

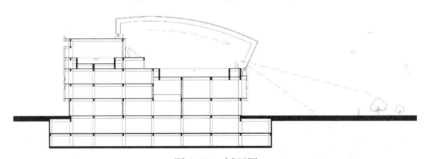

图 6.74 剖面图

Fig 6.74 Section

图 6.75 游泳池内景

Fig 6.75 Interior of swimming pool

图 6.76 活动屋盖内景

Fig 6.76 Interior of retractable roof

本项目建筑设计：姚亚雄，结构设计：张林远。该工程于 2013 年 8 月开始设计，2018年 4 月竣工。

（9）连云港市全民健身活动中心

连云港市全民健身活动中心用地位于连云港市南广场、体育中心原址，东至海昌路，西至住宅小区外墙，北至相邻地块红线，南至与商业步行街建筑相邻的内部道路用地边界。用地范围约为 45287m²，建筑面积 67750m²。本项目包括体育馆和健身馆及配套商业服务和地下车库。功能定位以满足全民健身活动和运动员实训为主，运动场地满足国际、国内单项体育运动标准。在满足对专业体育项目服务的基础上，通过各类功能空间的叠合和灵活的布局，兼顾各类健身项目和市民的社区活动服务要求。少量布置以运动为主题的商业服务设施，实现"以馆养馆"，增强体育馆的自身经营能力。

建筑功能布置和组合　体育馆以满足日常训练和健身为主，兼顾小型单项球类比赛。一层中间露天场地尺寸为 60m×40m，可满足篮球、排球、手球及体操比赛要求。场地四周布置运动员休息室、裁判员休息室、体育健身成果展示厅和办公室等各类服务用房。在安排文艺演出时，服务用房可作为演员后台化妆间和休息室。此外，邻近南北内部道路部分裙房还布置有少量的体育用品专卖店，为训练和健身人员提供相应的服务。二层贵宾室，配置观众休息厅和卫生间。环形休息厅与大平台相连，可供各类健身和会展使用。为实现健身训练为主的目标，体育馆设计一改常规体育馆做法，首先，在运动场地不变的前提下，大幅度减少观众席规模、增加活动坐席比例。观众席共 1840 席，其中固定坐席仅 630 席，活动坐席 1210 席。其次，充分利用周圈观众休息厅以上空间。三层、四层围合中间场地空间布置运动员宿舍，两层共 72 间。五层周圈布置训练大厅、运动员餐厅和教练员办公室。还通过设置少量夹层，形成空中跑道（约 200m），并布置了力量训练健身区。最后，在运动场地上方设置两片平移式可开闭屋盖，以充分利用外部自然环境，保证雨天或雾霾天气情况下，训练、健身不受影响。屋顶南北两侧预留部分面积布置太阳能板（图 6.77～图 6.84）。

图 6.77　连云港市全民健身活动中心　　　　　图 6.78　鸟瞰图
Fig 6.77　Lianyungang Fitness Center　　　　Fig 6.78　Aerial view

健身馆以游泳、球类和培训等运动健身功能为主，兼顾体质监测和彩票办公等功能。一层布置 10 道 50m 标准游泳池、5 道 25m 短池和儿童戏水池。为便于冬季运营和节能，大小泳池分别布置在两个独立的空间，便于根据季节需求独立开放。西侧邻近田径场部位，利用看台下部空间，布置 3 道 80m 室内田径训练直道。二层布置 1 片室内篮球训练场地和1 片室内排球训练场地。西侧为田径运动场简易看台，可布置坐席约 1000 席。与之配套的主席台贵宾休息室、音控室布置在同层的健身馆室内。观众席上部遮阳避雨通过三层以上出挑建筑实现。三层为大空间室内网球场，布置 4 片标准网球场地。还布置了休息室、健身房和体质监测用房。四层布置瑜伽、康复训练及培训教室。五层布置 4 片室内门球场地，配置休息室和观景露台。

空间形体与立面表达　体育馆建筑形态完整简洁、线条清晰，反映了体育类建筑的独特风格。同时，根据场地狭小的具体条件，对主体建筑形体作了下部收窄、上部出挑的调整，既满足了体育训练馆的空间和面积要求，又通过下部内收形成的大平台，为市民健身活动提供了使用空间①。立面采用完整的穿孔板材，既强调了建筑的整体性，又便于内部

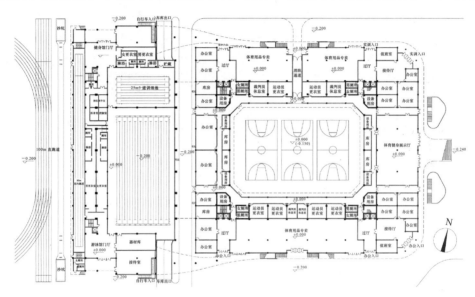

图 6.79　一层平面图

Fig 6.79　First plan

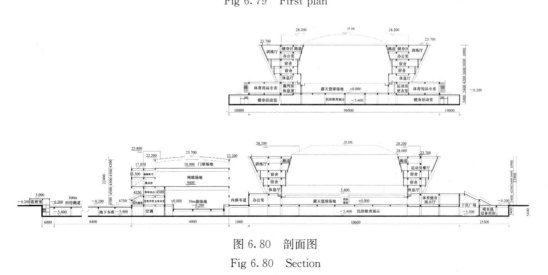

图 6.80　剖面图

Fig 6.80　Section

---

① 姚亚雄，综合训练馆及健身中心，建筑设计资料集　第 6 分册，p68，中国建筑工业出版社，2017 年，北京

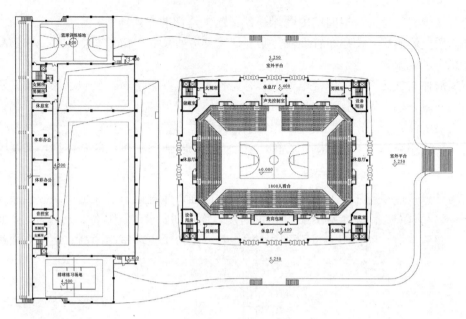

图 6.81　二层平面图

Fig 6.81　Second plan

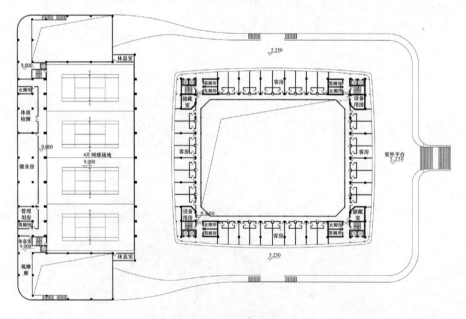

图 6.82　三层平面图

Fig 6.82　Third plan

多种功能分割布置，且不因形式杂乱而影响立面效果。观众大平台外圈采用飘带形式延伸至后部健身馆，使得两栋建筑形成整体。建筑角部适当的圆弧处理、裙房部分连贯起伏的曲线，都增加了建筑动感。

图 6.83　BIM 建模　　　　　　　　　　图 6.84　BIM 剖视图

Fig 6.83　BIM modeling　　　　　　　Fig 6.84　Sectional view of BIM

结构形态设计特点　本工程功能复杂，综合性强。体育馆中心场地周圈叠合布置了各类功能空间共六层，且大多是 10m 左右的跨度，而规划要求建筑限高 24m。为此，我们采用了全钢框架结构，利用钢构件截面较小的优势，赢得了更多室内净高。结构立面逐层向外出挑，提高了建筑的空间利用率。此外，还利用四角垂直交通核布置了钢筋混凝土筒体，用以抵抗水平力。本书作者构思的屋面活动屋盖结构形态借鉴了徐汇游泳馆屋面，采用交叉索承拱结构，上覆 PTFE 膜。在保证屋面刚度的前提下，减轻了结构自重，提高了屋面的视觉通透性。此外，这也是已知的、国内外首次将柔性结构应用于活动屋盖的结构工程实例，具有鲜明的开拓性和独创性（图 6.85）。健身馆从下至上叠合布置了跨度为 37m 的游泳池、网球场和门球场。楼面结构采用了预应力混凝土结构。屋顶门球场采用了曲线形钢管桁架。为了实现田径场看台上方的三层、四层混凝土梁悬挑 6m，框架内部设置了钢斜拉构件作为加强。

图 6.85　下弦索承结构活动屋盖内景

Fig 6.85　Interior of retractable roof structure with bottom cable support

各专业施工图设计均采用 BIM 建模，既有利于施工，也是智能化运营的数字模型平台。

本项目建筑设计：姚亚雄，结构设计：于军峰，BIM 建模：黄鑫等。该工程于 2016

年 11 月开始设计，2017 年底开始施工，预计 2022 年 12 月竣工。

6.2.3　结构形态构思在实践中需要关注的问题

　　回顾笔者二十多年来的大型公共建筑设计实践，也有相当多的未实施方案，包括在一些大型公共建筑方案设计的国际竞赛，甚至在委托项目设计中，都有可能因某些原因而未能实施[①]。建筑方案没有实施的原因众多，包括技术和非技术因素，但是，正是有了这些积极和有益的尝试，才能提高我们解决问题的能力、不断积累设计经验、提升结构形态构思的水平，也会为将来的成功打下知识和理论基础。

　　（1）结构形态构思要主动介入方案创作过程

　　建筑设计需要勇于尝试，特别是以技术创新推动设计观念的更新。从笔者以及设计团队的发展过程来看，正是由于不断地主动参与前期工作、开拓新的项目，才能够有机会在后续实施的项目中赢得先机，在技术表达方面也越来越得心应手。

　　在方案创作过程中，除了建筑师自身要运用结构知识不断反省方案的合理与否，请结构专业人员参与意见也很重要。结构专业介入得越早，他们就能借助计算分析和工程经验，提供有益的咨询意见，也就越能保证建筑方案的可实施性和技术的先进性。至于担心结构思维是否会束缚建筑师的创作，其实大可不必。如果建筑形态构思会轻易地被结构思维打断，那就说明这个建筑构思本身就是不成熟、无根基的，还是尽早摒弃为好。

　　（2）在建筑方案创作中不断积累结构形态设计经验

　　对于大型公共建筑项目，建筑设计竞赛和方案投标是建筑工程实施前期的常规途径。对于胜负难料的竞争，是否能全力以赴、积极对待，是衡量建筑师职业精神的重要尺度。如果将其作为积累设计经验的途径，就能够以良好的心态进行创作。

　　有很多未能实施的建筑方案，在当初的方案创作过程中，笔者都以结构创新为出发点投入了极大的创作热情。这些设计过程及其成果对后续类似项目都有着积极的引导作用，在我们很多实施项目中多少都能体现出它们的影子。例如，2001 年的南京奥体中心体育馆（建筑方案设计：魏敦山、姚亚雄），是第十届全运会南京奥体中心国际竞赛方案成果。该方案中展示了体育馆和游泳馆进行连体组合，以及采用交叉索承拱结构等设计特色。2005年设计的北京科技大学体育馆[②]（建筑方案设计：魏敦山、姚亚雄）是 2008 年北京奥运会柔道跆拳道比赛馆，其屋面结构尝试了双曲马鞍面交叉索桁架结构。2006 年设计的东莞体育馆（建筑方案设计：姚亚雄）[③]，尝试了桅杆支撑与张拉索膜组合结构体系。我们在有限的方案投标设计周期内，都同步作了简要的结构分析计算，保证了该方案后续实施的技术可行性。这与单纯的只顾造型和功能布置有着天壤之别，也体现了方案设计团队的整体技术实力。

　　（3）在建筑项目实施过程中做出积极调整

　　大型建筑工程项目的复杂性还在于，实施过程中时时刻刻都会面临着复杂的影响因素。

---

　　①　姚亚雄，建筑创作中的结构表现，建筑创作，p28～33，2002 年第 7 期

　　②　姚亚雄，大空间公共建筑结构形态的创作与实践，第十一届空间结构学术会议论文集，p441，2005 年 6 月，南京

　　③　Yaxiong Yao，Structural Expression in Architectural Creation of Sports Facilities，IASS Symposium 2009，p348～349，Valencia，Spain

无论是委托设计项目，还是竞争中标项目，都会在深化设计和项目实施过程中不断对原有方案做出优化调整。在面临复杂现实情况下，设计人既要坚持原设计的优点和亮点并积极争取各方理解和支持，有时也要面对现实条件做出合理的让步和妥协。前面介绍的盐城市全民健身中心网球馆屋盖和长风健身中心游泳馆开闭屋盖，由实腹钢结构改为空腹立体桁架，都是修改和妥协的结果。

（4）全面认识结构的复杂性对建筑的影响

结构的复杂性对建筑的影响是多方面的。既影响内部空间，又影响外部形象。与一般艺术作品不同，建筑毕竟是需要建设实施和实际使用的。任何建筑方案设计，都是建筑师自觉与不自觉地运用结构知识来构筑可行的建筑空间和建筑形体。本书开篇即探讨空间与实体的关系，就是为了阐明任何建筑空间都离不开实体的界定。这个实体就包含了结构构件与结构体系。即使建筑的外观和内部进行多么复杂和冗余的装饰，其内部空间和外部形态也离不开结构形态的影响。如果我们能巧妙地利用结构形态来表现建筑的外观和内部空间，就能体现建筑的技术之美，也能省去不必要的装饰和围护材料，达到建筑和结构的双赢。

借助计算机的应用，如今的结构专业发展突飞猛进，对复杂形态的结构找形与分析计算已并非难事。不过，作为专业基础的结构理论仍未改变，这与现有的建筑材料一起，决定了结构的基本形态不可能有大幅度的突破。利用现有建筑材料、运用现有结构基础知识，仍是我们以结构形态构思建筑形态的主要途径，这也是建筑师能够掌握并付诸应用的工具。高下之分在于我们能否进行形态思维，构建出美观新颖的结构形态。目前的大型公共建筑项目，结构设计虽然做得越来越复杂，但真正决定建筑整体形态的只是其中的很少部分。这就意味着其中大部分结构构件不是主结构，而属于次结构。其中有的构件是在结构深化设计过程中为了解决局部问题而设置的，属于头痛医头、脚痛医脚的部分。也许还会出现多余的甚至不合理的结构构件。我们务必要认清哪些结构构件是对建筑有决定性影响的，哪些是可以调整或去除的，这样才能使建筑和结构达到和谐统一。

（5）对现有建筑专业教育中的结构知识教学的思考

结构与建筑相结合，根源在于建筑和结构的专业教育。这决定了建筑方案创作者是否具备全面的结构知识和灵活运用这些知识构思结构形态的能力。建筑学专业的教育具有非常强的综合性，可以说是一门文理兼备的工程学科。其实，建筑学专业的学生在入学前都具有良好的理科知识基础和受教育背景，但经过了五年的建筑学教育，相当多的一部分人却逐渐淡漠了理性思考，没能很好地把推理延续到自身的建筑创作和设计中。这与我国几十年来的教育导向有直接关系，这在本书第 5 章已有评述。

笔者曾在哈尔滨工业大学梅季魁教授指导下攻读建筑设计及其理论专业博士学位，耳濡目染，学习了梅先生如何将结构概念融入体育建筑创作和设计的实践中[①]。笔者在同济大学任教期间，在建筑系老系主任卢济威教授安排下，曾跟随贾瑞云教授参与了同济大学建筑学本科生 1997—1998 年度设计课程的教学和评图，获益匪浅。后来在获得建筑学博士学位后，又是在卢济威教授推荐下，为同济大学建筑设计及其理论专业研究生开设了结构

---

① 梅季魁，往事琐谈：我与体育建筑的一世情缘，附录七，中国建筑工业出版社，2018 年 11 月，北京

形态课程，18 个学时，一学期完成。坚持了两年，直到我离开同济大学进入现代设计集团工作为止。怎样才能不同于本科生的结构选型课程是自己当时编写教案的主要切入点。一方面，注重于运用结构基本知识构筑结构形态的思维训练，另一方面，在布置作业与成绩考察环节，结合具体的工程需求编写题目，使学生能够在实际工程背景中体会运用结构知识解决问题的方法。通过有限的教学学时，为建筑专业研究生开启一个运用结构形态思维构筑建筑形态的思路，便于他们今后继续探索适合其自身条件的建筑创作方法。

6.3　结构形态构思的归纳与展望

近年来，国内建筑工程界关于建筑与结构相结合的呼声逐渐多了起来，提倡"结构成就建筑之美"已为更多业内人士所共识。这与二十多年前，笔者在梅季魁教授指导下开始的建筑创作与结构形态关系研究并完成博士学位论文的时代相比，外部环境已有天壤之别，值得欣慰。

笔者二十多年来在大空间建筑创作、特别是在体育建筑设计中，运用结构形态设计的成功实践说明，以结构形态表现建筑、实现建筑与结构的和谐统一，是大空间公共建筑设计得以发展的重要途径。运用结构形态设计方法进行建筑创作，对于体育建筑来说十分重要。笔者在此归纳几点基本认识：

首先，结构形态的设计方法要运用于建筑创作实践，重要的是观念认识上的突破，然后才是方法上的实践。结构工程师在以往的建筑设计中担当的是配角，要想掌握主动，必须要在结构形态的构思上有创新的意识。结构形态与建筑的和谐统一，既是建筑创新的需要，也是结构得以健康发展的重要的原动力。同时，在建筑设计的整个过程和每一个细节上，都应该体现出结构工程师的创造性。

其次，结构形态的设计方法是建立在结构形态的创新基础上的。没有结构形态的创新，与之相关的设计创新也无从谈起。从多年来的国际空间结构学术交流来看，我们与国外结构形态的研究还有很大差距。主要问题在于重计算分析，轻形象构思；重数字推导，轻形态推敲。在研究与教学过程中，形象思维和动手能力略显不足。在结构形态方面，我们的研究还不成气候，暂时还难以令国外同行侧目。

最后，从结构形态设计方法的发展来看，要逐步从设计实践层面过渡到系统化地研究深化阶段，进而实现理论上的完善，从而使其具有更广泛的指导作用。要想把结构形态的构思恰当合理地用于建筑创作，其中涉及的建筑与结构知识领域还很多。不论是这一创作过程，还是从事这一创作的个人，都离不开比较复杂的推理演绎和形象思维。国外在结构形态领域的学术研究已保持了三十多年的强劲势头，尽管多为纸上谈兵，但至今热度不减，具有强大的生命力。而我们的优势则在于有着较多的工程实践条件，如果能够通过大空间建筑创作实践来推动结构形态的研究，也不失为一个较佳的发展途径。

希望更多的业内有识之士在自身领域默默耕耘的同时，也能关注和参与结构形态的研究，结合工程实践不断探索。

第 7 章

结 论

建筑与结构具有形态上的本质区别，二者既矛盾又统一的关系有着历史渊源。追求建筑与结构的和谐统一是我们在建筑设计中应尽的责任，而结构形态又是建筑与结构统一的结合点。高技术的发展使结构成为建筑创作中的一种强有力的表现手段，建筑的未来走向也与之密切相关。

Chapter 7

Conclusion

7.1 建筑与结构的形态本质

（1）建筑形态的空间性与结构形态的实体性

建筑的根本任务在于构筑空间——能够服务于人的空间。无论是原始社会，还是现代社会，建筑活动都是人们改变自身生存空间的活动。建筑空间的围合与界定离不开物质手段——实体，但建筑形态的本质仍在于它的空间属性，即建筑形态是一种空间形态。人们之所以对建筑的实体部分非常感兴趣，主要是由于建筑也是一种文化现象，是各种思维、情感的综合载体，有一定的艺术价值。这种文化现象集中体现在建筑的装饰上，使建筑更具有亲和的特性。不过，装饰并非建筑所独有，涉及人的一切事物都具有装饰的需求与可能，如交通工具、家具、服装、日常用品等等。因此，装饰这种实体虽然属于建筑的一个方面，但绝不是建筑的本质。空间使建筑形态有别于其他的艺术或技术形态，是建筑形态存在的必要条件。

结构现象涉及现实世界的每一个角落。结构的本质是物质实体，是符合一定秩序关系的实体体系，用于维系这种秩序关系的仍是物质实体。结构是构筑形态必不可少的物质手段。物质世界不存在有形态没有结构的现象，也不存在有结构而无形态的现象，二者具有相互依存的关系。任何物质实体所表现的物质形态，都是其结构形态的一种外在的、具体的反映，但结构形态本身则是抽象的，需经过理性的思考和提炼，才能为人们所认识。合理的秩序关系是构筑结构形态的基本原则，同样，完美的结构形态必然体现了合理的结构原则。正确的结构理论应是这些合理性的真实反映。

（2）建筑与结构的形态构成关系

建筑的本质是空间，体现在空间的形态与各空间之间的秩序关系。建筑形态的复杂体现在空间关系的复杂，是复杂的多重空间组合体；结构的本质是实体，体现在实体的形态与各实体之间的秩序关系。结构形态的复杂性体现在实体关系的复杂，是复杂的多重实体的组合体。建筑与结构如同空间与实体，彼此互为条件、相互依存。以形态为中介，建筑与结构密不可分。结构以其技术上的保证，满足了建筑在可靠、可行和适用等方面的需要。

通常，建筑要受制于社会意识形态，经常滞后于结构技术的发展，使得建筑未必总能体现一个时代的先进技术。不过，目的与手段的一致性仍能始终推进建筑与结构的协调发展。历史上，出现过许多建筑与结构完美结合的典范，它们都是在特定的历史条件下形成的，为我们今后的设计创作提供了以资借鉴的宝贵经验。建筑与结构实现和谐统一的根本点在于实现结构形态的合理应用。借助于结构形态的研究和创新，我们就能够以崭新的结构创造崭新的建筑。

（3）结构形态在构筑建筑形式美方面的作用

建筑之美，源于自然，源于历史、源于社会。建筑的形式美是通过建筑的物质实体来表达的，而建筑实体又是通过合理的技术手段实现的。建筑的优美与合理之间有着内在的联系。建筑中任何一种形式美学处理手法总能找到技术上的渊源。技术美学是伴随着技术的发展和应用而形成的特殊的美学观，技术美学也是建筑美学中所受束缚最少、发展最快的一支。从历史上看，结构技术对建筑形态的演化、对建筑美学观念的形成、对建筑创作的手法都曾产生巨大的影响。结构技术对今后建筑的发展也将具有深远的影响。

7.2　建筑与结构关系的历史渊源

建筑与结构的和谐统一具有历史的依据和现实的需求。对历史的回顾和对现实的分析都表明，技术的进步——特别是结构技术的进步——是建筑发展的根源之一。

（1）建筑的发展与结构技术的关系

建筑发展的历史表明，无论哪个时期的建筑，实质上都是一种物质形态，是一种物化了的技术形态，具有功能性的本质。它可以作为文化、历史和美的载体，反映社会意识形态的一些特征，但并不属于意识形态范畴。尽管建筑曾被表述为文化现象、历史现象、美学现象等等，但透过这些表象，映射出的是其功能性的本质，这种具体的功能性也必然是由一定的技术条件所决定的。

从历史的发展来看，建筑的发展和进步并不取决于某个时期、某个地域人们的好恶，而是有着客观必然性。除了自然和社会因素外，技术条件特别是结构技术水平是决定建筑走向的关键因素。建筑发展的历史上，建筑的每次飞跃，其根源都离不开结构技术的创新，尽管这些飞跃在表现形式上并不一定直接体现在技术表现上。从这个意义上说，维护建筑与结构的统一，就是保持建筑常新的关键所在。

（2）结构技术的发展过程及其特点

人类的建筑活动始终离不开自然条件、社会要求及技术水平。其中，结构作为构筑建筑空间的关键技术，它对建筑形态的演化、对建筑美学观念的形成、对建筑创作手法的完善都具有重要影响。结构与建筑的一体化自古有之，难舍难分，二者的统一无从谈起。尽管彼此有所区别，但这种区别从来没有像今天这样明确，皆因近现代科学技术的进步使然。建筑与结构的专业分工是新老建筑的分水岭，促进了各自的发展，但也造成了彼此生疏、貌合神离，有时甚至不相容。因此，形式和内容的统一成为现代建筑追求的一个重要目标。要实现结构与建筑的和谐统一，关键在于结构形态的不断创新，实现在新的技术条件下，逻辑思维方式与形象思维方式的有机结合。

就结构技术自身的发展来看，长期以来，不论在西方还是在东方，始终呈经验型，而且发展缓慢。只是随着西方近现代科学的产生和发展，使其在力学普遍规律的指导下，逐步兼具理论型，并获得了迅猛发展，步入了新的阶段。既重视理论研究又重视实践经验，这是结构发展所必须遵循的原则。

（3）建筑结构的发展与社会意识形态

建筑结构的演变过程表明，任何一种结构形式，伴随着形成、发展和成熟，其自身的功能性和合理性会渐渐减弱，而装饰性则渐渐增强，这是结构演变的必然结果。但是，如果认为这种演变结果只是消极的，那是非常片面的。新技术造就了新建筑，新建筑逐渐被人们接受的过程也就是新的审美观形成的过程。一种技术虽不再是新的了，却构成了社会文化的一部分。这是建筑实现从技术形态到文化形态转化的典型过程。反过来，我们从任何一种建筑形象中都能找到技术上的渊源。美的形象必然含有合理的技术内容，而且结构对形式美的贡献是无所不在的。

建筑是时代的产物，具有鲜明的时代特征，这是建筑之所以具有时间性的根本所在。建筑通过一定的风格形式来映射历史，建筑也通过一定的技术内容来表达现实。在科学技术飞速发展的今天，过去被掩盖在建筑表象背后的技术终于走到了前台，结构技术得以介入形态设计领域，成为展示建筑形象的一个主角。我们在继承传统文化的同时，也有义务把富有时代特征的新技术体现在建筑设计之中，以新技术的应用，促使社会意识形态向积极的方向转变。

7.3　建筑与结构的和谐统一

建筑与结构的统一，意在构筑一个和谐自然的建筑实体。建筑与结构的关系是否协调也是衡量建筑是否完美的一个重要标准。

（1）建筑与结构统一的现实需求

建筑与结构由于设计原则、创作手法、思维方式等都有显著差别，其间存在矛盾是很正常的，大量的建筑所反映出的不和谐现象均事出有因。然而，建筑与结构却又同时为实现一个共同的设计目标而必须携手共进，寻求统一也在情理之中。

实现建筑与结构统一，需要在诸多方面有所作为，包括在建筑功能、建筑造型、建筑环境、现有技术条件和社会文化心理等方面的和谐统一。这中间，结构形态的合理设计是中心内容。

（2）建筑与结构统一的实现手段

结构形态是结构内在规律在形象上的集中体现。建筑与结构统一的本质应该是结构与建筑在内在规律层次上的，即基本形态层次上的统一，这是实现艺术与技术、形式与内容统一的最高境界。如果我们能抓住结构形态这一本质，以结构形态的研究和创新作后盾，开辟结构形态设计的新思路，就能够解决从理论到方法的一系列问题。这对于建筑和结构都是一个新的课题。这种创造性的结构思考超越了通常建筑初步设计中的结构选型，也不同于结构工程师的结构设计，它将创作、创新放在了更加突出的位置。

（3）建筑与结构统一的效果和尺度

结构在建筑创作中所处的地位和作用，是把握结构形态表现程度的先决条件，也是评价建筑与结构的统一效果如何的尺度。结构形态可以成为建筑表现的主体，也可以是建筑表现的辅助手段，这两者都是在实现建筑与结构统一方面发挥了积极的作用，并无孰优孰劣之分，关键在于结构形态的表现应出于真实、和谐、自然。矫揉造作、刻意突显，反而会弄巧成拙，陷入误区。

建筑与结构统一的效果如何，归根到底，还是要靠整个社会的判断能力。合理的结构形态广泛存在于自然和社会生活中，并会自然而然地在人们内心里形成相应的审美心态，人们也会以此来审视建筑的形象与内涵，在一定程度上作出合乎逻辑的判断。不过，这种判断大多局限于成熟的、普遍的结构现象，社会普遍的文化心理对结构形态的创新还是有某种制约作用的。一定的结构形态便对应着一定的社会形态。新型建筑结构要为社会所接受，需要一个过程。对于社会习惯思维，我们必须尊重、利用和加以引导，做到在创新中不失与社会文化心理的统一，我们必须不断为之努力。

7.4　建筑与结构统一的创作手法

建筑与结构的创作手法虽有不同，但我们完全能够将结构的理性的、逻辑的思维和建筑的感性的、形象的思考加以融合，形成以结构作为建筑表现的创作方法。这种方法将赋予建筑形态更加丰富、更加合理的内涵。

（1）结构表现的外在形态

结构的外形可以是完整的几何形体，也可以通过切割和组合等方式进行加工。在设计加工中，既要重视结构形态与建筑功能的一致，又应重视结构受力的合理性。此外，描述结构几何形态的参数以少为宜，因为构成方式的规则性与结构受力的合理性之间是有着一定的联系的，同时也便于施工。需要指出的是，追求几何参数的简洁并非意味着几何形象的单一、呆板，以较少的几何参数同样能够构筑富于变化动感的结构外形。

合理的结构与和谐的美感之间并非总能做到一一对应。有时，合理的结构，看起来不一定会带来心理上的和谐；同样，美好的、习以为常的建筑形象，真正分析起来，也未必能符合结构上的合理性。在结构表现中，务必要使二者都能有合乎逻辑的体现，做到于情于理都能接受，这才算是上佳之作。

（2）结构表现的内在规律

结构形态要符合力学规律，这是结构表现最为重要的一点，也是结构形态所应体现的结构实质。结构的合理性不应导致结构形象的千篇一律。合理的力学规则既是约束设计的框架，又是启迪创新的源泉。关键在于要从本质上把握形象与规律的关系，而不是从生硬的条文出发，这才能超越规则的束缚，达到出人意料的设计效果。

人们对结构规律的把握源于对自然现象的观察与总结。而自然界的结构现象是丰富多彩、难以穷尽的，也是现有结构理论不可能完全包容的。向自然形态和人类自身形态学习，是启发结构形态设计的重要途径。在运用这一表现方法的同时，还应不断进行分析综合，丰富和修正已有结构理论，从而能够在新的高度上，进行新一轮的创新。

（3）结构表现的现实依据

结构形态的现实性与现有的材料、理论和技术等密切相关。理论模型与现实形态的差距是客观存在的。一方面，我们在设计之初，应通过周密的分析思考，努力缩小理想与现实的差距；另一方面，我们也应对可能出现的差距有心理上的准备，降低过高的期望值。面对竞争日益严峻的设计市场，我们要把思维创新的优势恰当地体现在设计作品之中，以可靠的技术保证来提高设计入选的几率，把理想中的形态转化为现实中的形态。

7.5　建筑与结构结合的未来走向

结构与建筑的和谐统一是未来建筑得以健康发展的重要保证。结构形态的研究与创新，不仅对结构自身的创新与发展起着推动作用，对建筑的创新和进步同样具有推动作用。

（1）建筑与结构的创新有赖于结构形态的创新

结构形态学的研究是开发新型建筑结构的前提，它是建立在物质形态与结构的本质关系基础之上的。形态学尽管反映的是自然界最基本的形式与结构的关系，但正因为它所揭示的规律是最简洁和最基本的，因而也就最富于变化、最能适应任何复杂的物质现象。以往的经验表明，结构形态的研究是一项长期艰苦的基础性工作，可能一时难以取得显著成果，但它对工程应用的影响是巨大的。

20世纪建筑结构的发展表明，正是结构形态的创新促成了新结构的不断发展、新材料的广泛应用和新技术的不断成熟。索结构、膜结构、树状结构、巨型结构……，大量的新型结构为建筑表现形式的丰富多彩提供了广阔的空间。结构形态的不断创新，在理论上和技术上，为结构的表现提供了极大的支持。无论是新建筑的创作，还是旧建筑的改建；无论是建筑整体形象的表现，还是建筑细部的刻画，都能够体现新型结构的应用价值。

（2）建筑结构技术的发展将给人们带来思想和观念的更新

结构形态的表达日益丰富多彩，结构作为表现建筑美的手段也日渐突出，这些情况表明，现代高技术发展在建筑领域已产生深远影响，从建筑技术、建筑形式、建筑内容到建筑审美，都发生了巨大的变化，具有鲜明的时代特征。高技术的迅猛发展也必将给整个社会的思想和观念带来冲击，促使意识形态产生深刻的转变。现实要求我们必须从根本上对既有的结构和建筑思维进行创新——在高技术条件下的创新。

结构形态是建筑与结构实现和谐统一的关键所在，结构形态的创新对结构的创新、对建筑的创新都会带来直接的推动作用。我们必须突破固有的、封闭的几何形态构成方式，超越已有的建筑造型，以积极的态度和开放的思维方式去学习新技术、构筑新结构、创造新形象。此外，我们应该在建筑学人才的培养教育环节中，使其掌握基本的结构形态构成方法，启迪学生在结构形态方面的创新思维，使之成为他们未来建筑创作的不竭之源。

（3）建筑与结构在建筑创作中应密切专业协作

20世纪既是建筑与结构各自发展并取得长足进步的时期，又是建筑与结构在矛盾中不断融合并不断迸发出耀眼火花的时期。在两大专业的不和谐、甚至矛盾普遍存在的情况下，涌现出许多在建筑与结构两方面都很出色的作品以及个人。这为我们未来建筑与结构的密切协作和共同发展提供了极为有益的借鉴。

不过，在现代社会条件下，要求建筑师或结构工程师在建筑与结构两方面都很精通的确不易做到，以此作为对建筑设计人员的普遍要求更是不现实的。现有的分工协作关系是建筑设计的主流，仍将长期而广泛地存在于我们的建筑创作活动中。我们唯有从建筑教育这一源头入手，针对建筑与结构的关系，对相关课程做一些必要的、有针对性的改进，并重视在执业后的继续教育中补充必要的知识，才能更好地促进建筑师与结构工程师在建筑创作中的密切合作。这才是创作既美观又合理的建筑作品、实现建筑与结构的协调统一的现实之举。

（4）建筑师与结构工程师须实现对自我的超越

结构形态的合理性在于其实现的可能性。结构形式、材料运用、构造处理、结构耐久和技术可行，这些无不影响着结构形态的最终实现。此外，作为建筑结构，还要受到多种条件的制约。有些时候，对结构形态的处理比建筑形态更富于挑战性。面对诸多限制，设计者必须处理好感性与理性、创新与合理的关系，去追求现实的美而不是虚幻的美、自然的美而不是刻意的美，在精神创作物质化的过程中，实现美由感性到理性的升华。

我们必须及时地掌握结构发展的最新动态，敏感地捕捉能够表达结构形态的各种机遇，主动地参与到建筑活动的各个环节中去。此外，要想使结构表现的手法能够运用自如，设计者必须具备严格的逻辑思维能力和开放的形象思维能力。有鉴于此，无论从事结构表现的是建筑师还是结构工程师，都须实现对自我的超越。

建筑的设计应走在时代的前列。建筑师虽然要有超前意识，但更重要的是应反映所处时代的现实，要有鲜明的时代特征。未来事物难以预料，是不以建筑师个人意志为转移的，即使是标榜的未来式建筑也只是假想中的而不能真正代表未来。将现实中的最新的科学技术和最新的思维意识物化在建筑之中，创造出有别于以往的建筑，这就是我们所追求的新建筑。

　　建筑与结构的和谐统一是建筑实现健康发展的重要保证。百余年来，两大专业的分工与协作创造了前所未有的建筑奇迹。历史证明，什么时候建筑与时代的技术发展同步，建筑就能够不断创新、获得新生；什么时候建筑与时代的技术发展相脱节，建筑就会流于形式、渐趋衰微。建筑师与结构工程师要想在如火如荼的高技术时代有所作为，就必须把握时代的走向，在自己的作品中真正体现当代建筑应有的技术含量和文化气息，把技术与艺术、建筑与结构有机结合起来，以我们的实践，促进建筑技术、建筑文化和建筑观念的共同发展，进而推动社会意识的不断进步。

　　建筑与结构的关系涉及自然、历史、技术、文化、社会等诸多领域，内容广博、内涵丰富，绝非一本图书所能涵盖和尽述的。同时，建筑与结构也是随着时代的发展而在不断进步，许多新问题、新思路和新方法也会不断出现。我们也必须在发展中把握建筑与结构的关系，在发展中促进建筑与结构的统一。

　　在讨论建筑与结构这两种思维方式截然不同而又必须协调统一的学科关系的最后，本书以贝聿铭先生的一段话来做结束语[①]。他说：**世界上最丰富的想象力往往是在两种相互对立的思想和情感方式发生碰撞的时候产生的，因为两者都能够在彼此的身上找到互补性。**

---

① 杨澜，与大师对话，文汇报（上海），1998 年 6 月 30 日，第八版

本书插图来源说明

　　本书插图除作者绘制和引自文中参考资料外，尚有少量引自既有图书资料，其出处未在索引中一一提及。现按图书出版时间，集中分列如下。如未全部列出，敬请谅解。

1　柯特·西格尔著，成莹犀译，冯纪忠校，现代建筑的结构与造型，中国建筑工业出版社，1981 年，北京.

2　Robert Mark, Experiments in Gothic Structure, The MIT Press, Cambridge, 1982.

3　苏联建筑科学院编，顾孟潮译，建筑构图概论，中国建筑工业出版社，1983 年，北京.

4　彭一刚，建筑空间组合论，中国建筑工业出版社，1983 年，北京.

5　罗小未，蔡婉英，外国建筑史图说（古代—十八世纪），同济大学出版社，1986 年，上海.

6　布正伟，现代建筑的结构构思与设计技巧，天津科学技术出版社，1986 年，天津.

7　刘致平，中国建筑类型及结构（新一版），中国建筑工业出版社，1987 年，北京.

8　Alexander Zannos, Form and Structure in Architecture, Van Nostrand Reinhold Company, New York, 1987.

9　沈福煦，建筑艺术文化经纬录，同济大学出版社，1989 年，上海.

10　虞季森，中大跨建筑结构体系及选型，中国建筑工业出版社，1990 年，北京.

11　汪正章，建筑美学，人民出版社，1991 年，北京.

12　赵西安，钢筋混凝土高层建筑结构设计，中国建筑工业出版社，1992 年，北京.

13　中国建筑史（第二版），中国建筑工业出版社，1993 年，北京.

14　李雄飞，巢元凯，快速建筑设计图集（中）、（下），中国建筑工业出版社，1994、1995 年，北京.

15　李雄飞，巢元凯，建筑设计信息图集（1）、（2），天津大学出版社，1995 年，天津.

16　沈福煦，建筑设计手法，同济大学出版社，1999 年，上海.